花卉绿色生产策略及管理模式探索

王丽花　主　编

瞿素萍　吴学尉　王继华　副主编

科学出版社

北　京

内 容 简 介

本书就花卉绿色生产策略及其管理模式试进行探索，系统介绍了国内外绿色农业发展现状及趋势、国际花卉绿色生产认证概述以及我国发展花卉绿色生产认证的必要性和可行性，并提出相关对策和建议，同时以鲜切花为例探讨我国花卉绿色生产认证方略，以期从理论上指导我国花卉生产从集约化常规生产向可持续绿色生产转变，引导生产过程中降低农药、化肥等化学合成物质的投入，最大限度减少不可再生资源消耗及减少环境破坏，这对实现我国花卉产业高效低碳生产，提高我国花卉的国际竞争力具有重要意义，可发挥理论支撑作用。

本书可供资源、环境、农业、林业、生态等专业领域的高等院校师生、科研院所研究人员、政府部门管理人员和企事业单位技术人员阅读和使用。

图书在版编目(CIP)数据

花卉绿色生产策略及管理模式探索 / 王丽花主编. — 北京：科学出版社，2018.3
ISBN 978-7-03-056787-1

Ⅰ.①花… Ⅱ.①王… Ⅲ.①花卉-观赏园艺-无污染技术-研究 Ⅳ.①S68

中国版本图书馆 CIP 数据核字（2018）第 046289 号

责任编辑：张 展 刘 琳 / 责任校对：江 茂
责任印制：罗 科 / 封面设计：墨创文化

科学出版社出版
北京东黄城根北街16号
邮政编码：100717
http://www.sciencep.com

成都锦瑞印刷有限责任公司印刷
科学出版社发行 各地新华书店经销

*

2018 年 3 月第 一 版 开本：B5（720×1000）
2018 年 3 月第一次印刷 印张：5.5
字数：120 千字
定价：88.00 元
（如有印装质量问题，我社负责调换）

《花卉绿色生产策略及管理模式探索》编委

序

目前，花卉生产在我国已成为一个日趋重要的优势产业。进入二十一世纪，人们除了关注花卉本身的品质外，也越来越注重生产过程中的污染、环保及可持续发展问题。与此同时，高端花卉市场的消费人群，以及日益增多的大众消费者，也对鲜花生产过程中过度施用化学农药、化学肥料等所造成的环境安全问题有了更多的关注。2017年中共十九大报告中，习总书记提出"绿水青山就是金山银山"，一语道破了生存和发展的关系，并在报告中提出"建立健全绿色低碳循环发展的经济体系""构建市场导向的绿色技术创新体系""推进能源生产和消费革命，构建清洁低碳、安全高效的能源体系""建设生态文明是中华民族永续发展的千年大计，坚定走生产发展、生活富裕、生态良好的文明发展道路，建设美丽中国，为人民创造良好生产生活环境，为全球生态安全作出贡献。"等绿色农业建设方向。作为世界花卉三大主产区之一的中国，迅猛发展的花卉产业，面临着严峻的花卉高效能种植与环境协调发展问题。张维理、葛继红等曾先后相继报道"菜果花作物效益高，农药、化肥和有机肥的超高量使用十分常见"，31个省20余种作物的调查显示，菜果花农田单季作物氮肥纯养分用量平均为569～2000 kg·Ha^{-1}，为普通大田作物的数倍甚至数十倍，而氮肥利用率仅10%左右，远低于中国大田作物的平均氮肥利用率(35%)。另外，据多年以来研究数据分析，我国化学农药施用后的有效利用率仅为20%～30%。因此，集成及创新高效低碳种植技术，并同时发展和推进花卉绿色生产认证，是我国花卉可持续发展的必经之路，也是促进"环境友好型"花卉产品的生产和经营，实现安全、生态、高效的社会和经济效益目标的有效途径。

花卉产品认证作为促进花卉产业可持续发展的一种市场机制，已经在花卉发达国家全面展开，并得到了消费者、生产者和经营者的认可。开展花卉认证是目前国际上普遍被认同并已实施成熟的花卉绿色生产有效管理模式，例如荷兰观赏植物生产环保计划(MPS认证)、全球良好农业规范(GLOBALGAP认证)、哥伦比亚绿色花卉标签认证(Florverd)等，其核心是通过具有认证许可及执行监督权的第三方机构对整个花卉生产过程进行评估和认可，在保护环境的同时，提高花卉产品质量，使生产者、经营者、消费者及权益相关者都受益。我国为适应国际贸易发展趋势，赢得更多的花卉出口机会，2005年8月，国家认证认可监督管理委员会与荷兰政府有关部门及花卉MPS基金会签署了《谅解备忘录》，在中国正式启动了花卉MPS认证，至今进行了一些工作。

王丽花研究员等在《花卉绿色生产策略及管理模式探索》一书中，在系统介绍国内外绿色农业发展现状及趋势、国际花卉绿色生产认证概述基础上，分析了我国发展花卉绿色生产认证的必要性和主要障碍，并提出相关对策和建议，同时以鲜切花为例，探讨我国花卉绿色生产认证方略。全书立意明确，观点鲜明，编创具有创新性，兼具先进性、理论性和实用性，既有国外先进案例的剖析，也以鲜切花为例，提出了我国绿色花卉生产认证的程序和内容方面的建议，对推动我国花卉产业在新形势下的提质增效、参与国际市场的平等竞争，有较高的理论指导和实践应用价值。

　　经过长时间的思考、编写和反复修改补充，作者和她的团队成员完成了这本书。该书是作者对花卉绿色生产策略及管理模式多年研究的成果，相信该书的出版可以为从事资源、环境、农业、林业、生态等专业领域的高等院校师生、科研院所研究人员、政府部门管理人员和企事业单位技术人员等提供有益的参考。为此，我乐意向同行和读者推荐这本具有创新意义的专著。

中国园艺学会球宿根花卉分会名誉会长

2018 年 3 月 22 日

前　言

随着社会发展进程的迅速推进，人类对生态环境的无序利用及对生态资源的过度索求使生态环境发生了巨变，各种生态环境问题以隐性和显性方式出现，前者以土地利用的变化、生态结构的破坏、物种生存面积缩小、生态系统的退化为主要方式，后者直接表现为空气污染、土壤酸化、水质富营养化等生态环境问题。人地矛盾的日益尖锐不仅影响了区域生态环境质量，还使区域生态风险增大，制约了区域可持续发展能力。生态环境问题及生态安全已成为世界范围内所面临的共同问题，引起了各国政府及学界的高度关注。

我国花卉商品生产始于 20 世纪七八十年代，经过近 40 年的稳步成长和快速发展，目前已成为我国农业领域中的特色行业，成为我国经济发展中一个富民增收、快速促进农村经济发展的新兴特色产业。然而花卉在发展的同时，其集约化生产所带来的环境问题影响也日趋严重，尤其以化学农药、化学肥料、温室加温设施碳排放，以及土壤、水资源的过度使用，花卉生产过程中产生的废弃物的不科学处置等，一定程度上给环境带来了难以修复的破坏。而且近年来花卉发达国家实施以"保护消费者利益、保护环境和保护品种专利"为核心的贸易战略，造成我国花卉产品进入国际市场必须面对和解决的双重绿色壁垒，而有害物质残留并富集于花卉产品中，直接降低花卉自身品质进而拉低出口贸易，阻碍了我国花卉在国际市场的发展，同时也给直接花卉消费者带来"安全"忧虑。这一问题已经得到了相关政府管理部门、科研工作者和生产者的重视，经过"十二五"的倡导和"十三五"的研发及创新发展，当前我国花卉生产在 20 世纪末期迅猛扩展的基础上已回归理性，整体格局呈现在多元化发展的同时，产品已由"量变"转向"质变"，一些先进企业更是由重"品质"发展为"品质"和"环保"双重并重的绿色生产发展局面，实现了花卉产品的高效高质绿色低耗生产。从世界花卉产业的发展来看，荷兰花卉的国际影响力是最具权威的，其相应的生产经营模式也是最具经济效益和环保效益的，其观赏植物环保生产计划——MPS 花卉认证（MPS系荷兰语 Milieu Project Sierteelt 简称）是一张决定花卉能否走向国际化的准入证，只有当种植的生产方式符合 MPS 认证的绿色要求才可能通过 MPS-ECAS 的认证。纵观我国花卉产业结构，占比 70%为农户生产，且整体来看栽培技术参差不齐，产品品质普遍不高，绿色高效生产尚需通过引导和助力，花卉绿色生产的路还很漫长。然而，世界花卉发展新格局和新要求对我国花卉提出了新要求，如何充分与世界花卉产业经济战略接轨，在保护环境和节约能源的前提下实施高产优质花卉生产已成为我国花卉产业发展瓶颈。为此,借鉴花卉绿色生产先进国际经验,立足绿色生产和突出可持续发展,建立健全与国际接轨的花卉绿色生产策略和管理体系,并积极探索和开展认证模式管理迫切而必要,这对减少花卉生产过程对环境的污染,满足人们对绿色花卉产品的需要,促进花卉出口贸易都具有重要作用,也是促进现代花卉产业发展的一个重要环节和关键支撑。鉴于此,本书就开展花卉绿色生产的战略选择及其管理模式进行探索研究,明确花卉绿色生产和认证化管理模式的国内外发展趋势和可行性,分析我国发展花卉绿色生产的主要障碍因素并提出有关对策和建议,同时以鲜切花为例探讨我国花卉绿色生产认证方略,以期为我国花卉生产成功从集约化常规生产向可持续高效低碳绿色生产转变提供理论依据,促进花卉产品质量和生产环境可持续水平的提升。

本书得到了云南省花卉产业发展扶持专项资金和计划项目"鲜切花环保生产认证体系研究"(2015-6)、云南科技创新强省计划(农业)项目"提升鲜切花产业的关键技术集成与示范"(2014AB014)的资助和支持,在此特别表示感谢!另外,特别感谢云南大学刘飞虎教授审阅了全书,对本书部分内容的完成和完善提出了有益的建议。

花卉绿色生产策略和管理模式研究尚处于起步阶段,很多问题需要进一步探索。由于作者水平有限,书中难免有不足之处,敬请同仁与读者批评指正。

著者

2018 年 1 月

目　　录

第 1 章　农业绿色生产发展现状及趋势

绿色生产是基于各个行业在集约化生产过程中给生态环境带来了严重危害的前提下所提出的一种生产方式，主要目的在于控制生产过程中会破坏环境的所有相关项目和活动，以期望生产完成后不会对环境造成污染或者尽可能在满足环境保护的有关要求下进行生产，同时提高产品的质量。绿色生产对农业生态环境的保护还是一项难度较高、综合性较强以及涉及面较广的复杂工作。

1.1　绿色农业概述

绿色农业是指充分运用先进科学技术、先进工业装备和先进管理理念，以促进农产品安全、生态安全、资源安全和提高农业综合经济效益的协调统一为目标，以倡导农产品标准化为手段，推动人类社会和经济全面、协调、可持续发展的农业发展模式。绿色农业不是传统农业的回归，也不是对生态农业、有机农业、自然农业等各种类型农业的否定，而是避免各类农业种种弊端，取长补短，内涵丰富的一种新型农业。其内涵包括以下五个方面。

第一，绿色农业的良好生态环境可为人类提供良好的气候、新鲜的空气、丰富的水源、肥沃的土壤，使人类能够世代繁衍生息。21世纪由于人口剧增、经济发展，使资源受到了破坏，环境受到了污染，这种对自然资源的伤害，到最后都会反馈给人类本身。于是出于本能和对科学的认知，人们开始越来越关心健康，注重环境和用品及食品安全和保护生态环境，特别是对没有污染、没有公害的农产品倍加青睐。在这样的背景下，绿色农业以其固有的优势被广大消费者认同，成为具有时代特色的必然产物。

第二，绿色农业既是改善生态环境，提高人们健康水平的环保产业，同时也是需要支援并加以保护的弱势产业。绿色农业尽管没有立法，但是绿色农业生产是在一定的质量标准控制下进行的。比如绿色食品认证除要求产地环境、生产资料投入品的使用外，还对产品内在质量、执行生产技术操作规程等有极其严格的质量标准，可以说从生产到生产后的加工、管理、贮运、包装、销售的全过程都有标可依。因此，绿色农产品较之其他农产品更具有科学性、权威性和安全性。

第三，绿色农业是与传统农业的有机结合。传统农业是自给自足型的农业，它的优势是节约能源、节约资源、节约资金、精耕细作、人畜结合、施有机肥、不造成环境污染，但是也存在低投入、低产出、低效益、种植单一、抗灾能力低、劳动生产率低的弊端；绿色农业是传统农业和现代农业的有机结合，以高产、稳产、高效为目标，不仅增加了劳力、机械、设备等农用生产资料的投入，还增加了科学技术、信息、人才等软投入，使绿色农业更具有鲜明的时代特征。

第四，绿色农业是多元结合的综合性农业。以农林牧为主体，农工商、产加销、贸工农、运建服等产业链为外延，提倡农田基本建设，促进土壤自我修复和自我调节能力，提高先进科学技术水平的综合运用，体现多种生态工程元件复式组合。

第五，绿色农业是贫困地区脱贫致富的有效途径。联合国工业发展组织中国投资促进处从 1996 年到 2000 年，曾多次组织专家到绿色产业项目所在地进行实地考察，多数项目地区水质、土壤、大气良好，资源丰富，但由于缺少科学规则、市场信息不灵、科技素质低下，一些贫困地区只能出售绿色原料或初级加工品导致效益不高。实施绿色产业开发后，贫困地区发挥了受工农业污染程度轻，环境相对洁净的资源优势，将原料转化为产品，以高科技、高附加值、高市场占有率拉动了贫困地区绿色产业的快速发展，促进了区域农村经济的振兴。这不仅对我国边远山区或经济不发达地区有指导意义，而且对亚洲一些贫困地区脱贫致富也提供了有益的尝试。

1.1.1　国外的绿色农业

在芬兰，公众认为保护动物和确保食品安全是农业生产中最需要重视的，而对于田园风光的营造和农村整体环境的维护不需要特别关注（Brunstad et al.，2005）；而不同看法则由荷兰农民提出，从事农业生产中，他们更重视开发农业所具有的独特观光旅游功能以及对农业生态环境的保护（Jongeneel et al.，2008）。在美国的密歇根州，根据 Mccann 等对当地农业种植的系统研究发现，有机种植户主要是从第一代农民开始就用传统的种植方式务农，家庭多代均以务农为主，务农时间较长；与之相比的常规种植户，采用集约化常规技术进行务农，在生产效率上有所提升，但是绿色生产环保意识却远不如有机种植户，且在实际生产中从事的各种农事活动对环境保护的表现也不及有机种植户。Halevy（1986）的研究也表明，在实际生产中若能促使切花月季的侧芽萌芽率提高并保证其花枝发育良好就可以提高月季切花产量和品质，从而减少了有利于切花月季产量和品质提高的农用化学物质的使用，进而减少对环境的污染。此外，Kessler（2007）考察研究了波利维利亚对山区农业所实行的一系列环保政策，他得出结论：农民对农业环境的保护是最为关键的，尤其是在农业生产中的"环保型"农民，将农业绿色生产环保政策与这一类人紧密结合起来推行，将会事半功倍，同时结合拓宽农民的收入来源，综合激励农民们对农业生态环境的保护意识。唐学玉(2013)也强调对农业生态环境的保护源自农民，尤其是对农民的农事行为进行政策规范，让农业劳动在保护环境的前提下开展，将会更有利于农业的可持续发展。

以日本为例，通过一系列措施保证农业绿色生产促进环境保护。第一是开展有机农业运动促进农业发展。目前日本的有机农业团体主要有日本有机农业研究会、日本生活协同组合及全国消费者团体联络会等。日本有机农业运动的目标不单是不使用农药、化肥，还包括对土壤过度消耗、化学物质高投入相联系的大面积、单一化生产进行重新认识，形成生产者和消费者共有的新价值观，推动有机农业发展。第二是加强用水管理，预防水体污染。日本为保证农业用水不受污染，在日本全国范围内，对大型农业用水进行水质检查及污染原因调查。在农业拓兴地区，修建了农村污水处理设施，对水质受污染地区实施水源转换。此外，为了保证渔业用水不受污染。日本还开展了汞、多氯联二苯等有害化学物质对鱼、贝类影响的调查，并对预测方法进行了研究，以防水质污染。对于因浅海区大规模开发而对水产资源及渔场造成的影响也进行了调查，且建立了收集、通报有关湖泊信息的体制，以改善渔场环境。第三是重视环境研究，增强环保实力。在农业环境研究方面，科研人员不仅负责研究、解决具体的环保问题，还负责对政府制定的环保政策提出建议及理论根据。政府方面，不仅把大量的财政支出用于环保研究开发，而且通过法规认定"自然环境保全法人"，允许这种公益法人把具有良好自然环境的土地买下来加以管理。此外，还开展"国民环境基金"活动，即通过募捐使广大国民自愿参加环境保护活动。第四是开发农业绿色生产技术，推广典型经验。日本很注重提高农业环境治理和改善方面的技术水平，比如利用生物技术开发与生态相协调的高效肥料等。同时，日本还宣传、推广了不少绿色生产型农业典型，充分利用典型地区的经验促进农业环境治理和绿色生产型农业的发展。第五是加强国际合作，促进学术交流。日本在治理农业环境的同时，很重视加强国际合作，通过"政府开发援助"计划提供绿色农业援助。近几年用于防止沙漠化、地球变暖等的绿色性技术援助、资金援助有所增加。这一方面有利于促进受援国的环境保护而为保护地球环境做贡献；另一方面，从日本进口贸易走向"绿色食品化"角度看，也有利于日本的环境保护和国民的饮食安全(陈瑜，2008)。

1.1.2　我国的绿色农业

我国农业在自然资源方面有不可估量的优势，具有多样化的特点，自北至南跨越九个气候带，地域辽阔、多山多草原、生物资源种类繁多、品种丰富，中西部地区尤其是东北、西北、西南地区，绿色资源多样，为发展各类特色绿色农产品创造了有利条件。中国人均耕地面积仅为世界平均水平的 40%，人均水资源量仅为世界平均水平的 28%。随着工业化和城镇化的快速推进，耕地、水等农业资源短缺问题更加突出，大力发展绿色农业成为我国健康农业发展的必然和迫切需要。我国绿色农业快速发展得益于大力推广科学施肥技术，自 2005 年我国开始实施测土配方施肥补贴项目，2006 年开始实施土壤有机质提升项目，截至 2010 年测土配方施肥技术已覆盖 2498 个县(区)，推广面积达 11 亿亩以上；通过秸秆还田、种植绿肥、增施商品有机肥等措施，土壤有机质提升项目推广 3 000 多万亩，提高了土壤有机质含量，改善了土壤基础地力。通过近 40 年的发展，中国农业生产力已大大提高，一方面政府十分重视环保型、质量型农业的开发，另一方面农民的质量意识和环保意识也已大大增强，国家也制定了若干生态环境保护及治理政策及措施，实施的环保和生态农业的研究及试点工作从 1980 年开始已建立了不同类型、不同级别的生态农业建设试点 2000 多个，并取得可喜成绩，大力发展绿色农业已初具成效。

　　原农业部农垦司司长、原绿色食品协会会长刘连馥先生于 2003 年 10 月，在联合国亚太经社理事会主持召开的"亚太地区绿色食品与有机农业市场通道建设国际研讨会"上提出了"绿色农业"理念。同时，国务院副总理回良玉进行了批复，并且拨款 3500 万元进行绿色农业示范基地建设。从此，我国绿色农业建设拉开了序幕。郑家喜(2000)指出约束当下农业生产可持续发展和对环境保护的自然因素是水资源，要实现农业生产的真正可持续并保护好农业生态环境，最关键的是解除水资源对农业的束缚。另外，农业方面资金的投入也是制约农业可持续发展和农业生态环境保护的重点(张文棋，2000)，而科学技术才是真正实现农业可持续发展和进行农业绿色生产的关键(汤正仁，2000)。高云宪等(1999)对农业生产中专门类别的一些农业技术进行了研究，他们发现了改良的施肥技术、栽培耕作技术，以及新型的生物肥和生物药剂的使用在农业生产中对生态环境是友好的，对开展农业绿色生产和农业可持续发展有积极作用。另外，农业绿色生产最直接的效益是获得安全农产品，因而安全农产品在绿色生产中的经济效益必然也就备受研究者们的关注(张新民，2010)。于农户而言，具有高经济效益的安全农产品更容易激励他们积极开展绿色生产，安全农产品所带来的较高收入又将是推动安全农产品进行循环绿色生产的直接动力(周峰，2008)。同时，在农业生产中，遵循一定原则来使用农用化学合成物质是逐步实现农业绿色生产的前提，如宋文学(2011)所提到的，农药应尽可能施用高效少残留、微低毒类；肥料应以有机肥为主，少用化学肥料；农膜禁止滥用乱扔，应回收统一处理；在农业生产中尽可能采用综合防治和生物防治等安全方式。

1.2　绿色农业生物防治技术研究现状

　　我国是最早应用杀虫剂、杀菌剂防治植物病虫害的国家之一，早在 1800 年前就已应用了汞剂、砷剂和藜芦等，直到 20 世纪 40 年代初，植物性农药和无机农药仍是防治病害虫的有力武器。有机化学农药虽然增强了人类控制病虫危害的能力，为农产品增产做出贡献，但长期依赖和大量使用有机合成化学农药，会带来环境污染、破坏生态平衡和农产品安全等一系列问题，为推动农业经济的持续发展带来许多不利因素。因此，生物农药日益受到政府相关部门和农业生产者的推崇。1972 年，我国规定了发展低毒高效化学农药并逐步发展生物农药的发展方向，20 世纪七八十年代，生物农药有了一定发展，但由于化学农药的高效快速，对生物农药的研制和应用曾一度被忽视，直到进入 90 年代，随着科学技术不断发展，减少使用化学农药，保护人类生存环境的呼声日益高涨，研究开发利用生物农药防治农作物病虫害，发展成为国内外植物保护科学工作者的重要研究课题之一。

　　植物病害生物防治是降低化学农药用量、减少环境污染的一种有效方式，生物防治一般通过施用生物农药来实现。生物农药，又称天然绿色农药，是指利用生物活体(真菌、细菌、昆虫病毒、转基因生物、天敌等)或其代谢产物(信息素、生长素、萘乙酸、2,4-D 等)针对农业有害生物进行杀灭或抑制的天然化合物农药制剂，其对人类健康安全无害且对环境友好，具有用量较低、高选择性、安全有效、无污染等特点，因此，近年来我国生物农药的研究开发也开始呈现出新的局面，目前，已发展成为具有几十个品种、几百个生产厂家的队伍。生物农药按其成分来分，有生物化学农药(信息素、激素、植物调节剂、昆虫生长调节剂)和微生物农药(真菌、细菌、昆虫病毒、原生动物或经遗传改造的微生物)两类；按来源划分，则有微生物活体农药、微生物代谢产物农药、植物源农药、动物源农药四类。市售常用生物农药有 BT 生物杀虫剂和抗生素类杀虫杀菌剂，如浏阳霉素、阿维菌素、甲氧基阿维菌素、农抗 120、武夷菌素、井冈霉素、农用链霉素等；昆虫病毒类杀虫剂如奥绿 1 号；保幼激素类杀虫剂如灭幼脲(虫索敌)、抑太保；植物源杀虫剂如苦参素、绿浪；灰霉病、白粉病等杀菌农药如木霉菌、芽孢枯草杆菌等，杀菌杀虫效果较理想，目前已普遍应用且生防潜力巨大。从政策策略来看，近年来对生物农药的扶持逐渐加码，2013 年开始启动编制农业可持续发展规划，2016 年 12 月 30 日，农业部依据《全国农业现代化规划(2016—2020 年)》《全国农业可持续发展规划(2015—2030 年)》《农业环境突出问题治理总体规划(2014—2018 年)》《全国生态保护与建设规划(2013—2020 年)》等规划，印发了《农业资源与生态环境保护工程规划(2016—2020 年)》，重点为加强农业资源与生态环境保护建设、推动绿色发展以及区域资源环境承载力。2017 年中共十九大报告习近平总书记提出"绿水青山就是金山银山"，并在报告中提出"建立健全绿色低碳循环发展的经济体系""构建市场导向的绿色技术创新体系""建设生态文明是中华民族永续发展的千年大计，坚定走生产发展、生活富裕、生态良好的文明发展道路，建设美丽中国，为人民创造良好生产生活环境，为全球生态安全做出贡献。"等绿色农业建设方向。农业生产方面，一些高端花卉种植户积极采用无土基质栽培，利用配方施肥+肥水回收系统+温室内小气候温湿度调节+生物农药的预防性喷施模式，在提高肥料利用力和增加植株抗性的同时，减少或杜绝了病虫害的发生，达到优质低耗高效生产，例如云南的安祖、品元、云秀、大汉、海盛等园艺公司，获得了较高的经济效益。

日益成长的有机农业，使得生物农药的需求逐渐上扬，据保守估计，在未来数年内化学农药的预估市场成长率约为2%，生物农药则为10%～15%。第一代生物农药包含尼古丁、生物碱、鱼藤酮类、除虫菊类和一些植物油等，在人类历史上已有相当的使用时间，早在1690年就使用烟草的水溶性成分对抗谷类害虫，除虫菊脂对昆虫具有强烈的触杀作用，是一类能防治多种害虫的广谱杀虫剂，其杀虫毒力比有机化学合成杀虫剂如有机氯、有机磷、氨基甲酸酯类提高了10~100倍，也是蚊香的主要成分。开展生物防治研究已有很长的历史，1853年Agostino Bassi就首次报道了由白僵菌引起的家蚕传染性病害"白僵病"，证实了该寄生菌在家蚕幼虫体内能生长发育，采用接种及接触或污染饲料的方法可传播发病；俄国的梅契尼可夫于1879年应用绿僵菌防治小麦金龟子幼虫；1901年日本人石渡从家蚕中分离出一种致病芽孢杆菌"苏云金芽孢杆菌"可有效杀死在粮粒中取食的鞘翅目害虫；1926年Fanford使用拮抗体防治马铃薯疮痂病[①]。近年来，徐文等(2017)对防治灰霉病的木霉菌株进行筛选和应用，研究了木霉直接防治灰霉病以及诱导植物产生系统抗性防治灰霉病所涉及的互作模式、信号传导途径以及所引起的防御反应，阐明木霉的生防机制分为直接生防机制和间接生防机制，前者主要指木霉与灰霉病菌直接作用过程中所涉及的重寄生、抗生和营养竞争，后者是木霉通过诱导植物产生系统抗性来防治灰霉。乔俊卿等(2017)研究了枯草芽孢杆菌PTS-394对番茄的防御相关酶活性、抗病信号转导通路的标志基因表达的诱导情况和诱导抗病性对灰霉病的防治效果。结果表明，利用菌株PTS-394灌根番茄后能够诱导植株产生系统抗病性，菌株PTS-394灌根番茄后48h，离体叶片接种番茄灰霉菌，其病斑面积仅为对照处理的50%，防控效果达47.1%；温室盆栽番茄的灰霉防治效果为58.2%，植株免疫能力增强。刘子欢等(2015)研究苏云金杆菌亚致死浓度对美国白蛾及其寄生蜂生长发育的影响，表明用平均校正死亡率低于20%的Bt处理对白蛾周氏啮小蜂的寄生有利，两种生防措施协同作用存在增效潜力。孙燕芳等(2017)在室内条件下，分别测定了苏云金杆菌Bt 00-50-5菌株液体

---

① 来源：www.docin.com。

和固体发酵物对南方根结线虫的毒力效果显示，牛肉膏蛋白胨液体发酵法在 72h
所得上清液的毒性最高，南方根结线虫死亡率达到 99.0%，而固体麸皮发酵物对
线虫的最高毒性为发酵 8h，南方根结线虫死亡率为 89.0%。液体发酵上清液经葡
聚糖凝胶 G-75 柱层析分离，柱下物在 280nm 处的吸收值呈现出 4 个峰Ⅰ、Ⅱ、
Ⅲ和Ⅳ，其值为 0.601、1.475、1.641 和 0.392，其中峰Ⅱ、Ⅲ、Ⅳ处收集的蛋白
对南方根结线虫有毒杀作用，分子量最小的Ⅳ蛋白杀线虫活性最高。上清液天
然聚丙烯酰胺凝胶电泳分离杀虫蛋白结果显示 6 条清晰的蛋白带，其中 37kDa
蛋白含量最多。综上所述，生物农药在病虫害综合防治中的地位和作用显得越
来越重要。近年来人们已从植物、微生物和动物中开发和正在研究各种生物农药。
生物农药有着比化学农药更大的优点：①害虫不易产生抗药性；②选择性较强，
一般对脊椎动物无害，甚至不影响天敌；③残毒低；④如果是活生物体，病原体
可通过病虫或尸体传播，进而可深刻影响目标昆虫的种群。生物农药具较严格的
专一性，使用者需了解有关的使用要求，另外某些生物农药的稳定性不如化学农
药，研发提高生物农药的稳定性和作用效率可从继续寻找新的生物来源、采用基
因组合合成创造新产物、基因定点突变或化学修饰改造原有化合物等几方面进行。
总之，在研制生物农药过程中，须考虑既要保持残毒低、难产生耐药性的优点，
尽量维持自然界生态平衡和农业的可持续发展，又要尽量符合农药效率高、有一
定稳定性的特殊要求(蒋琳，2000)。

1.3　粗放式农业生产带来的环境问题

煤炭、木材等燃料用于农业冬季生产的加温保温，其燃烧产生的一氧化碳
(CO)和二氧化碳(CO_2)为大气污染物之一。CO 是由矿物燃料不完全燃烧产生的，
它可与人体内血红蛋白结合且结合能力比氧气强，如果 CO 浓度足够大以至于阻
碍了氧气与血红蛋白结合，就会使人体缺氧，严重时可致人死亡。例如，1984 年
印度 CO 罐泄漏，曾造成 25 000 人死亡，57 万人双目失明。CO_2 对长波辐射具有
较强吸收作用，它能吸收从地面反射的太阳光，使得这些能量不能反射回到宇宙
中，过剩的大量 CO_2 会引起"温室效应"，使地球表面温度升高，气温变暖，水
的蒸发速度加快，大气环流紊乱，造成旱、涝等自然灾害频繁发生。有资料表明，
由于地表温度的不断升高，极地及高山的冰川和冰冠开始融化，加之大气温度的
升高引起海水体积的膨胀，可能导致海平面水位上升，使一些沿海平原和三角洲
淹没，土地减少。氮氧化合物(NO_x)和硫氧化合物(SO_x)是大气中的重要污染物，
由矿物质燃烧物、制冷剂"氟氯代烷"以及农药化肥过度使用的空气漂浮物二
次分解等产生，NO_x 等加速了臭氧的分解，使臭氧层中臭氧含量减少，从而形成
臭氧层"空洞"，使太阳辐射的紫外线穿过"空洞"直射到地球表面，对地表生

物造成巨大危害。当氮、硫的氧化物在空气中达到一定浓度时，经过光化学反应，便形成"光化学烟雾"。例如，1952 年美国洛杉矶发生了世界上首次"光化学烟雾"称为"洛杉矶烟雾"，500 余人在此事件中丧生；1995 年 6 月 6 日，中国上海也发生了"光化学烟雾"事件。

农业生产中长期大量使用化学农药、化肥会导致土壤酸化、板结，使土壤结构遭到破坏，造成土壤有机质下降，土壤贫瘠化，影响作物生长，典型的例子就是作物"烧苗"。另外，制造化肥的矿物原料及化工原料中，含有的重金属放射性物质和其他有害成分，随施肥进入农田造成污染；流入江河等的农药化肥废液使水体富营养化，生物多样性遭到破坏；渗透到地下水后重金属盐在水中形成络合物，对人体有明显的毒副作用。近几年来，人类癌症、眼科疾病、皮肤病及一些无名病不断地发生，一些植物不明原因地枯死，工农业废水、废液和废渣过度排放和化肥农药不科学使用难逃其责。

1.4 极端天气造成农业减产或绝收

工农业高速发展带来了一系列环境问题，极端天气频繁出现，全球气候变化形势严峻。据 2017 年《环球》杂志报道，世界气象组织表示 2016 年地球大气中 CO_2 浓度已上升至 80 万年来的最高水平；联合国秘书长古特雷斯说自 1970 年以来全球发生的自然灾害数量几乎翻了一番，极端天气将是全球变暖的新常态，国际社会必须高度重视应对气候变化的努力；联合国国际减灾战略署署长、联合国秘书长减灾事务特别代表格拉塞尔说，近 15 年内极端天气造成的死亡人数比例已超过地震与海啸。2017 年，飓风肆虐美国南部、加勒比群岛、中国澳门、日本东北部、越南中部等地遭遇强台风侵袭，塞拉利昂、尼加拉瓜、哥伦比亚、智利、越南等国一些地区发生洪水、泥石流、山体滑坡，墨西哥中部、伊拉克与伊朗边境地区、中国九寨沟等地遭遇强震，印尼巴厘岛阿贡火山喷发等。

以花卉生产大省云南为例，近 5 年也出现了多次极端天气事件：①2013 年 6 月中旬高温异常，最高气温达 31℃，创 1951 年以来 6 月中旬日最高气温新高；12 月多次极端事件发生，全省大范围雨雪天气后爆发了 21 世纪以来最严重的霜冻，影响范围较广，地处南部热带地区的西双版纳州首触冰点，为 21 世纪最强极端霜冻事件。②2014 年春季及初夏异常高温干旱，年内全省有 31 个站年平均气温破历史最高纪录，有 95 站次的月平均气温突破同期历史最高纪录，其中 6 月和 9 月为 1961 年以来最高值，其中元江连续 10 天超过 40℃，突破历史纪录。③2015 年 1 月两次全省性强降温降雨(雪)的寒潮天气过程，刷新了 2013 年冬季暴雨之最，成为 1961 年以来冬季最强的暴雨过程；3 月全省 46 个站近 4 成站点月平均气温突破同期历史最高纪录；4 月全省平均降水量为 53.9mm，较常年同期增多 20%；

5 月高温少雨异常,全省大部地区晴热少雨,有 14 站月平均气温突破同期历史最高纪录,7 站月降水量突破同期历史最少纪录。④2016 年和 2017 年冬季遭遇了罕见的低温寒潮天气,2016 年寒潮是近 32 年来强度最大、气温最低的一次寒潮,0℃以下持续时间近 50h。近 5 年来云南观赏植物受损受冻情况严重,减产 30%以上,造成了巨大的经济损失。

面对频繁发生的极端气候,中国作为发展中大国积极响应,在全球生态文明建设中发挥着重要参与者、贡献者、引领者的作用。根据《BP 世界能源展望》2017 年版报告,中国走在绿色能源发展的前列,占全球可再生能源市场 40%的份额,超过其他组织成员的总和,也超过了作为清洁能源主要生产国的美国。此外,中国生产了全球 66%的太阳能、50%的风能,更是水电生产领域无可争议的领先者,中国发展绿色农业成效显著。

1.5　保护环境经典案例之"灭花控菜"

昆明市阿子营镇曾经是百合花的"海洋",产出的百合切花品质优越,具有"中国百合之乡"的美誉。阿子营独特的气候和土壤环境使百合生产面积从 1997 年的 2 亩发展到 2006 年的 9000 多亩、产值 1 亿多,10 年时间百合种植成了当地的致富大产业。每年 7 月至 10 月每天数十万枝"阿子营百合"在呈贡斗南花卉市场上市供应,景象繁荣,很多农民因为种植百合花而走上了致富道路。然而,阿子营地处 35 条入滇河道之一的牧羊河流域旁,一直承担着参与保护松华坝水源区的重任。阿子营百合种植区集中于牧羊河河道两侧,种植过程既大量使用农药化肥,又大量占用水资源,因此不利于昆明市的环境生态发展。为治理入滇河道退地还林和保护松华坝水源,2006 年,昆明市政府提出松华坝水源区"限花、控菜、减烟",最后提出"灭花"策略,河道主流两侧 100m 内,支流两侧 50m 内退地还林,建成永久性生态林带,阿子营百合首当其冲成为被"灭"的对象。2007 年昆明市政府开始在阿子营收租沿河土地,减少阿子营的百合种植,到 2010 年,共收租了 2.7 万多亩,阿子营万亩百合全部被灭"谢幕"。百合不能种,政府积极帮助村民再就业,盘龙区农业局劳动力转移办公室组织村民开展就业培训,邀请种植、栽培、家政、陪护、月嫂、挖机等方面的老师,定期到村子里进行免费培训,组织多渠道再就业。对于技术扎实的农民,引导其带着技术转移至楚雄、玉溪、元江、寻甸、会泽等地租地继续百合种植,完美完成绿色农业转型,达到环境保护目的。

1.6　绿色农业种植技术推广

　　新形势下人们越来越重视绿色农业，绿色农业种植技术充分体现有机物和无机物的发展规律，对于农作物生产有着重要意义。杜绝随意使用农药和化肥行为，以绿色生产为基础大力推广绿色农业种植，第一可为人们提供绿色农产品，确保人们生活质量；第二能避免资源浪费现象，有效保护生态环境，实现农业可持续发展；第三以绿色生产理念为核心遵循农作物生长规律，严格预防一些有害物质对农作物的污染，确保农产品具有绿色和健康的特质，满足人们对生活品质的要求。

第2章 国际花卉绿色生产认证发展概述

花卉业是全球最具活力的产业之一，随着花卉业的发展和消费者对环保问题的日益关注，国际上出现了各类先进的花卉认证。发达国家普遍实行的三种产品质量证明方式是强制认证、自愿认证、自我声明，三种方式作用不同、互为补充，运用的比例也在逐渐转换。花卉认证包括对花卉可持续经营的认证和花卉产销监管链的认证。花卉可持续经营认证是按照公认的原则和标准，对申请认证的花卉经营企业的经营管理活动进行评估，评估内容包括花卉调查、经营规划、花卉基础设施、有关的法律、法规，以及环境、经济和社会等方面；花卉产销监管链认证是对花卉产品从原产地花卉经营，到运输、加工、流通直至最终消费者的整个过程进行认证。认证形式有针对企业或种植者进行的质量管理体系 ISO9000 及环境管理体系 ISO14000，专门针对花卉产品的区域性认证如荷兰观赏植物生产环保计划(MPS)、德国的花卉标签计划(FLP)、欧洲的欧洲零售商集的花卉良好农业规范认证(EUREP-GAP)、哥伦比亚的绿色花卉认证(Florverde)、美国的有机花卉认证、公平交易条约(Fairtrade)、澳大利亚切花质量认证(AQAF)以及公平花卉(FFP)等。花卉认证是一种市场经济措施，其核心是对花卉的生产过程进行评估和认可，目的是在保护环境的同时提高花卉质量，规范花卉贸易，使消费者、生产者、经营者及权益相关者都受益。花卉认证作为促进花卉产业可持续发展的一种市场机制，已经在全世界范围内全面展开，并得到了消费者、生产者和经营者的认可，对于运用市场机制来促进花卉可持续生产与经营，实现安全、生态、高效的社会和经济目标均具有重要意义。

2.1 认证产品的特征(以鲜切花为代表)

在花卉行业中，发展中国家作为最大生产国，向北半球市场供应了最多的鲜切花产品，其供应商角色显得尤为重要。市场上鲜切花产品种类多样且庞大，关于切花种类的多样性仅在荷兰花卉拍卖市场上就有大约 15 000 个不同代码的切花产品在交易，重要的鲜切花有月季、菊花、郁金香、百合、非洲菊、石竹以及兰花等。

在切花产品中，可根据以下种类做出区别(CBI，2009)：

(1)球根切花类(如郁金香和百合)；

(2)夏季切花类(特指传统的露天栽培,如一枝黄花、半子莲和勿忘我);

(3)热带切花类(如兰花、红掌、赫蕉属花卉、鹤望兰、芭蕉、姜属花卉);

(4)精制永生切花类,干花或者其他方式精制的切花。

基于生产和气候条件,花卉可以在有覆盖物(塑料薄膜和遮阴网)的玻璃温室或者塑料大棚中生产,或者露天生产也可以。在欧洲,种植者正在应用高科技栽培方法,逐渐扩大栽培面积,比如先进的人工补光自动化遮荫设备以及 CO_2 补充等。而发展中国家的生产者虽有低生产成本优势,但是在出口欧洲市场时面临着高昂的运输费用。很多情况下,不管是欧洲还是发展中国家,切花生产都是一项资本密集型的高科技产业。

2.2　认证化生产

花卉生产过程中的一些特征(比如化学物品、劳动力、土地及水资源等的使用,以及生产所伴随的废弃物处理等)已经使得花卉生产地的工作条件和生态环境大不如从前且变得容易受到威胁遭到破坏。鉴于此,作为全世界最大的花卉生产国,肯尼亚和哥伦比亚这两个发展中国家已经屡次将改良花卉种植环境作为目标,与花卉生产相关的所有活动都开始注重绿色生产和环保生产,而不再单单是增加产量和销量。对于该活动(肯尼亚和哥伦比亚开始改良环境和社会条件)的响应,在20 世纪中期,欧洲和一些发展中国家都制定了许多有关社会与环境保障的标准。这些认证标签和认证计划被应用于花卉市场的各个环节,从花卉原材料的采购,到产品生产,一直到产品采后及销售等环节。其中一些标准用于超市在销售鲜花方面做出相关要求,而另一些标准则适用于种植者通过拍卖渠道营销鲜花;因此,作为花卉生产最大的发展中国家,花卉种植者们需要日益面对的问题是这些标准和他们所经营的生意的相关性,采取最合适的花卉认证标准,保障花卉生产对社会和环境的友好性(Milco Rikken, 2010)。由于欧洲的花卉产品消费者数量越来越多,而且他们不再是只注重价格和质量,还越来越关心产品的安全性和有关产品生产地的社会和环境情况。基于这样的转变,在为欧洲市场供应产品时,生产商们也逐渐被提出更多要求,需要用文件材料来说明他们的产品遵从了不同的社会和环境标准,对产品生产地的社会和环境是友好的。

目前,欧洲的许多花卉苗木种植者已加入一个或者更多个认证计划;也有一些种植者选择自我调控的方式进行生产,而另一些则选择用认证计划来作为管理生产的工具使他们的种植业务变得专业化。种植者之所以采取认证的另一个原因是为了介绍他们公司的专业性和可持续发展性。种植者通过建立以质量品牌为宗旨的公司,以期望对社会和环境友好生产能够让其获得更好的回报,比如在拍卖大钟上的拍卖终售价,可能因为产品的有机、环保或绿色等认证标签而变得更高一些。然而大多数参与一个到多个认证计划的种植者是为了遵从购买者提出的要求，因为有了相关证书才能开辟新的市场，否则将无法进入新的市场。据 Milco Rikken(2010)举例介绍，若有关产品要申请入驻瑞士的超市(如 Coop 和 Migros)，那么种植者必须先通过 Max Havelaar 认证。无论生产者是处于何种原因而参与认证计划，只要是对生产地的社会和环境是友好的，都值得推广。需要特别指出的是，目前为止，在众多能够获得欧洲市场入驻权的认证标准中，参与者最多的是和环境保护有关的 MPS-ABC 认证，同时 MPS-ABC 也是最大的一个专门针对观赏花卉植物绿色生产的认证。

2.3　证书和认证标志

认证的全部手续，主要体现在当生产流程、产品以及售后服务符合标准时，展开认证的第三方对各个环节进行审核，并酌情给予书面报告。生产者通常向指定机构提出申请，请求被认证，其中实施认证的组织称为认证机构或者认证者；认证机构工作的开展，可以是机构自身进行实际的检查，也可以是通过联系指定的检查员或者检查机构来获得可供考证的资料信息，而认证工作始终由第三方执行。认证证书向购买者证实了产品供应商满足了有关标准，第三方颁发的认证证书比供应商自己向购买者承诺的保障更有说服力；而认证标志则表明了符合有关标准的产品已得到认证，该标志的使用通常是由设定标准的机构来控制(Milco Rikken，2010)。认证证书是销售商(可以是生产者或者中间商)和购买者(可以是中间商或者直接消费者)之间沟通交流的一种方式，同时，认证标志是他们和最终消费者之间的一种沟通方式。

2.4　国际先进绿色生产认证

2.4.1　荷兰观赏植物生产环保计划(MPS 认证)

20 世纪 80 年代末，消费者们因农用植物化学农药和化学肥料所造成的诸多环境问题开始向荷兰花卉拍卖市场进行反馈，花卉拍卖市场立即开始从种植生产的环节展开调查，统计并分析有关数据来解释相关环境问题。基于长远解决问题的考虑，1994 年荷兰花拍市场和生产栽植者协会协同创立了观赏植物环保项目(Floriculture Environmental Program)——MPS 认证，1995 年 MPS 基金会正式成立，1999 年 MPS 正式被荷兰的国家级认证机构认可(孔海燕，2007)。据王雁等(2005)介绍，荷兰 MPS 认证家族范围广、种类多，MPS 的认证范围主要涵盖了观赏植物、蔬菜、农作物、木材、苗圃种苗等；其中花卉环保生产绿色认证以

MPS-ABC 为代表，社会环保责任认证以 MPS-SQ(socially qualified) 为代表等。荷兰 MPS 认证的主要目标是减少花卉生产中对农药、化肥的使用，保护不能再生的资源(如土壤、水等)，同时提高花卉产品的质量使其在国际市场上能有一席之地；最终目的在于保障花卉企业进行生产时做到保护环境、减少污染以实现可持续发展，并提升企业的国际形象及其在国际市场的竞争力。

　　MPS 认证是国际花卉绿色生产认证最具代表性的认证方式，于 1994 年由荷兰花卉拍卖市场和种植者协会共同发起创立，1995 年成立了基金会，1999 年获得荷兰国家认可机构的正式认可。2007 年初，MPS 基金会正式与荷兰 ECAS 农业认证机构合并成立 MPS-ECAS 有限公司，实力得到进一步增强，现已成为一种国际通行的花卉认证形式。MPS 是荷兰语 Milieu Project Sierteelt 的简称，该认证主要针对环境进行，如减少化学农药和化学肥料、化学合成营养及能量成分的使用等，其目的是通过实施先进的生产技术要求和管理模式，以降低花卉生产对环境的破坏，节约能源消耗。MPS 认证的种类 MPS-A、MPS-B、MPS-C 分为 A、B、C 三级，获得 A 级认证的可同时使用政府颁发的环境标志，如 MPS-GAP(Good Agricultural Practice，GAP)。MPS 认证还非常关注花卉生产员工的安全、健康，并制定了相应的社会条款(类似于 SA8000 认证中的条款)。认证时，需对生产者几项主要指标，包括病虫害的防治手段、肥料的使用、能源(包括天然气和电)的使用进行评比和打分。如植保方面占总分数的 40%，能源使用方面占 30%，肥料方面占 20%，防止浪费方面占 10%，按照分数将决定获得 A 级、B 级还是 C 级认证。除此之外，MPS 基金会还开展 MPS-GAP、MPS-Social Qualified、MPS-Quality、MPS-Flori mark Production 等认证。

　　MPS 还为满足条件的花卉贸易商提供 MPS-Flori mark trade，Flori mark Trace Cert，Flori mark GTP(Good Trade Practice) 等花卉标签，其中 Flori mark Trace Cert 通常也用 FFP 标签替代。荷兰花卉拍卖市场大约 70% 的营业额来自获得 MPS 认证的产品，且在国际花卉市场上也获得了广泛认可，获得 MPS 认证，几乎等同于获得了一张出口欧洲的"通行证"。目前，超过 5000 家花卉种植企业(经销商)参加了 MPS 花卉认证，其中，荷兰企业 3300 家，比利时 154 家，以色列 90 家，丹麦、英国、德国、意大利、西班牙、葡萄牙、法国、肯尼亚、坦桑尼亚、美国、加拿大、厄瓜多尔、巴西等 140 多家以及非洲一些国家的花卉企业。美国也制定了花卉绿色生产标准，"有机花束"开始推向市场。

1. MPS 认证家族

　　MPS 家族主要是在产品质量保障、环境及社会保护等方面设立相应的认证标准及有关证书，这不仅针对种植者，也针对交易者和拍卖者。可以进行相应的申请然后接受认证审核，最终获得一定级别的绿色生产环保证书。MPS 项目策略主要是给予参与认证的认证者相关的模块化结构，便于参与审核的所有要求都清楚明白且能严格执行。从项目的建立、开展实施到项目的标准认证工作，以及后期的投诉建议及项目相关内容改进等的维护工作，这一整套流程都是由 MPS-ECAS 和 MPS-HCS 紧密合作完成。MPS-ECAS 承担注册和认证的整个流程，MPS-HCS 主要负责提供建议并进行维护工作，具体在于针对各类认证项目证书的申请、选择以及相关认证要求在相应农场和苗圃中，实施开展种植过程的监督管理。MPS 家族最公认的是 MPS-ABC 绿色生产环保认证，另外还有可供社会管理系统选择的认证，如 MPS-SQ（基于 ICC 准则）、MPS-GAP（以 GLOBALGAP 为基准）、MPS-Quality 等（王丽花等，2016）。

1）针对种植者可参与的绿色生产认证

MPS-ABC、MPS-SQ（Socially Qualified）、MPS-GAP、MPS-Quality、MPS-OEX 认证是针对种植者的 5 种绿色生产环保认证方式。

MPS-ABC 是一个国际公认的环境保护认证评定标准，同时也是花卉行业可持续生产运营的绿色生产环保标准认证证书。MPS-ABC 证书目前在全球的大部分地区都已经广泛使用。ABC 分别代表不同认证等级，如同等级评定量表，三种不同等级表明了生产者经营管理的可持续性等级，其中 A 级在绿色生产环保等级制度中最优最为环保。具体对绿色生产中环保项目的有关要求（化学农药、化学肥料、能源的使用情况以及废弃物的处理方式等）控制和完成情况进行评分，结合参与者记录的有关数据和所给出的检验报告来审核并评定等级。参与者每年将获得四次资质评定，将根据所得分数评定等级。在欧洲西北部以外的国家，对于不同指标（如用水、化学制品等）评分的标准有所不同。

MPS-SQ 是对良好社会工作环境条件的有关要求所设定的标准，这些要求包括了社会工作环境的健康、安全、员工待遇等，旨在强调生产者应肩负社会责任。MPS-SQ 是建立在普遍人权、地方组织代表准则、国际劳工组织（ILO）协议的基础上，与道德贸易联盟（ETI）大体相同，是另一个常用标签。MPS 也常常参照 ETI 来开展认证工作。

MPS-GAP 是为满足零售部门对花卉产品提出的一些要求所开展的认证。MPS-GAP 认证计划是建立在欧洲零售组织对整个生产体系中存在的安全生产、可持续栽培、高品质产品生产以及可追溯产品的生产源头等来制定标准的，这些标准在良好农业规范（GAP）和 GLOBALGAP 中都有所体现，对于 MPS-GAP，主要是以 GLOBALGAP 中涉及的花卉和植物的绿色生产环保认证计划为基准。

MPS-Quality 对花卉生产的具体部门规定了花卉栽培要求。加入 MPS-Quality 意味着要求生产者要对整个生产流程进行描述，包括对购置、收获、分类、包装、销售、处理投诉、消费者满意度和保质期检测等项目的描述，以审核整个生产体系是否都满足环境保护的准则要求。

MPS-OEX 为 2006 年 1 月 1 日起 MPS 认证引入和实施的面积效率标准。根据这个标准，花卉生产企业将根据自身情况和评判标准，了解本企业单位面积的效率。参与 MPS-OEX 的企业需记录一些相关的数据，如光照方面需记录用于加光的灯泡数量、照明功率以及每天的光照时间等。具体涉及光、CO_2 以及基质的使用、预期产量增幅等，再把这些数据转换成面积效率标准以测算企业单位面积生产效率。MPS-OEX 注重环境效益的前提下为参与该认证的企业提供技术支撑。

2）针对贸易者可参与的绿色生产认证

MPS-Florimark Trade、Florimark TraceCert 及 Florimark GTP（Good Trade Practice）是针对从事花卉贸易从业者的 3 种绿色生产认证方式。MPS-Florimark Trade 是专门为花卉批发贸易商而制定的国际质量认证标准，它是建立在市场需求、加工过程管理和国际花卉产业发展的基础上，针对市场导向型企业开发的质量认证，必须在 Florimark TraceCert、Florimark GTP 和 ISO 9001：2008 质量体系都认可的前提下才给予认证；Florimark TraceCert 是专门针对植物和花卉等园艺产品可溯源的追踪记录性进行规范的认证标准，旨在为贸易者提供产品保障，产品是否符合绿色生产各环节的要求，以便于有据可依，有证可查，督促生产商注重绿色生产；Florimark GTP 是荷兰为植物和花卉等园艺产品制定的贸易标准，旨在确保产品的质量和可靠性，并提供相关的产品服务，体现在质量保证、绿色生产和社会福利等方面。

2. MPS-ECAS 认证条例

1）关于 MPS-ECAS

2006 年 7 月，国际植物认证组织 MPS 和欧洲植物认证组织 ECAS 开始了关于该两个组织合并的可行性研究，研究结果于 2006 年 12 月 4 日报道且十分乐观，其表明两组织合并可行而且必要。合并的原因有七，第一，两大组织宗旨目标相同，都是为环保贡献力量，目的为认证产出高质量且环保的产品；第二，提高服务能力，加强客户的市场定位；第三，MPS 与 ECAS 认证体系完善整理后归纳为一套体系，认证工作的开展将更有利和有效；第四，两个组织共同交流、互相促进市场行为和产业发展；第五，利于拓宽国内外市场；第六，丰富专业人员的知识和经验，促进认证工作发展；第七，强强联合，实现共赢（李春艳，2006）。接着，2007 年 5 月 26 日，MPS 与 ECAS 合并正式成立 ECAS 有限公司，实力进一步增强，并在荷兰园艺展上以 HCS（园艺认证服务组织）出现，帮助种植者掌握作物种植技术，提高经营能力和商贸事物方面的知识水平，通过网络为其成员开展利益援助和技术支持。主要服务项目有种植者管理网络、园艺知识开发和交流、组织各类种植者的技术交流活动及为企业提供技术服务等。MPS-ECAS 认证产品、认证体系和认证检查计划是种植者和贸易商的重点关注内容，由 MPS 组成一个相关小组制定实施方案。ECAS 的执法机构是 "Besloten Vennootschap"

(B.V.)(荷兰股份公司),采用商标名为"MPS-ECAS 认证",商标名通过"Kamer van Koophandel"(商会组织)来注册。MPS-ECAS 认证在荷兰 Westland 直辖市 Honselersdijk 设有办事处,在 Kamer van Koophandel 商会注册号码是 28073898。

2)MPS-ECAS 认证条例解读

MPS-ECAS 认证条例是在不断结合实践和产业实际的同时完善认证标准而制定的,至今已经历了 6 个版本的修订和完善,MPS-ECAS 认证条例(第 6 版)为最新的 MPS-ECAS 认证条例,是在第 5 版的基础上由 MPS-ECAS 专家委员会于 2016 年 12 月 6 日完成修订并批准,于 2017 年 1 月 1 日正式发布实施,具体规定了定义、总述、申请程序、准备程序、评估和审查程序、认证程序、暂停程序、认证协议终止、其他条款、结束语十大章节内容(表 2-1)。

表 2-1　MPS-ECAS 认证条例(第 6 版)主要技术内容

技术内容	
0　Definitions	0　定义
1　General	1　总述
2　Application phase	2　申请程序
3　Preparation phase	3　准备程序
4　Auditing and evaluation phase	4　评估和审查程序
5　Certification phase 5.1　Certificate and Certification agreement 5.2　Inspection	5　认证程序 5.1　证书和认证协议 5.2　检查
6　Suspension	6　暂停程序
7　Termination of the certification agreement	7　认证协议终止
8　Other provisions 8.1　Complaints and liability 8.2　Publicity 8.3　Use of marking and logo 8.4　Working conditions 8.5　Confidentiality,anti-recruitment clause,impartiality	8　其他条款 8.1　投诉和责任 8.2　公示 8.3　标志及标签的使用 8.4　工作环境 8.5　保密、招募禁令及公正性条款
9　Final provision	9　结束语

来源:ECAS B.V.(2017)。

定义部分具体规定了审查、审查员、MPS-ECAS 介绍、执行标准、审查报告、适用范围及缺陷七方面要素,描述了审查就是有目的性和独立性的检查,主要在于确定认证对象是否符合认证计划的有关要求,质量体系方面主要检查是否按照认证标准的指标完成以及检查记录信息的真实可靠和所有工作流程的记录是否按照技术指标要求进行,而不仅仅是检查可能存在的问题、流程或不完善之处。审查是随机性的,分为文档审查、实质审查和定期检查。其中,文档审查是根据质

量手册和所设定的程序来评定被审查单位的质量体系是否满足标准，并检查注册
信息以及对被审查单位所进行询问和审查；实质审查是根据对公司的访谈和记录、
数据的随机调查来评定质量体系是否得到良好运行、是否发挥了相关作用；定期
检查在于确定被认证单位是否持续按照认证标准要求开展生产，必要改进的条款
是否采取了适当的改进和完善措施；审查员是否是受过专业训练且合格的审查工
作执行者，审查员须具有高度的保密意识和责任意识。当一次审查拥有多位审查
员参与时，审查工作的负责人应控制审查工作的正确执行，产品及产品生产过程
须满足质量体系要求及认证方案标准。质量体系需取得 ISO 9001、ISO 22000、
HACCP 或 Groenkeur BRL 认证，产品认证标准可执行 RHP、BRC、MPS-schemes、
GLK（Green label hothouses）、Hygiene Code、Marking Transport 以及 Logistics 等。
当审查员在认证过程中发现被审查单位存在缺陷或不合格的要素或条款时，就会
按认证相关标准进行处理并以书面形式告知被审查公司。审查报告是审查结果的
最终呈现形式，包含合格项、缺陷或不合格要素及意见建议，审查报告是
MPS-ECAS 决定授予证书还是需再次审查认证的依据。认证范围包含所开展认证
级别指定的相关生产活动及相关生产活动生产的产品，可在网站 www.ecas.nl 查
询。审查范围包括质量体系、产品、生产流程、产地等相关内容，部分工作的开
展可由 Raad voor Accreditatie（RvA）（荷兰的鉴定委员会）委派执行。缺陷是生产中
开展的农事活动不满足标准或认证方案而导致的不符合要素，MPS-ECAS 根据严
重程度分为主要缺陷和次要缺陷。主要缺陷包含部分标准没有涵盖或没有执行、
直接或间接发现缺陷以及发现质量体系存在持续风险；次要缺陷包含部分标准没
出台、申请方或持证人没有按照程序和说明进行生产活动、直接或间接发现缺陷
但没出现危急情况以及发现质量体系有可能存在持续风险。MPS-ECAS 要求所有
缺陷要求在申请认证前或在证书授予前按照认证条例和条款进行完善和改进。

　　总述部分阐述了 MPS-ECAS 是基于严格的认证程序及 MPS-ECAS 认证条例
所设定的认证标准来开展认证的，其运行的体系可用于质量体系认证、产品认证
和产品检查，并着重说明认证申请文件中列出的有关服务与 MPS-ECAS 条例冲
突，则优先顺序为认证条例设定的条款优先于与认证（程序）有关的协议所规定的
内容，而一般条款和条件为所执行的最低要求。

　　申请程序部分首先说明了申请认证的所有表格和信息等申请方可在
MPS-ECAS 网站下载，申请表填写信息需真实完整并具法人签名，后以普通信件
或者电子邮件提交给认证方。提交后经 MPS-ECAS 审查，若申请类别不在
MPS-ECAS 范围内或存在两年内申请方已成功提交申请文件并获受理的情况，则
MPS-ECAS 有权不受理申请，并书面通知申请方说明不受理的原因。在证书授予
前的所有认证过程，MPS-ECAS 不允许公开第三方首次申请的任何数据，除非申
请方要求或者 MPS-ECAS 有法律义务。最后规定了证书是认证单位质量体系、产
品、生产流程和服务等符合 MPS-ECAS 认证要求并通过认证的标志，当申请者在

认证过程存在未通过以及 MPS-ECAS 未给出最终决定之前, 申请方不允许使用 MPS-ECAS 标志。

准备程序是 MPS-ECAS 开展认证审查前所需开展的准备工作。首先根据申请表中申请方填写的信息和 MPS-ECAS 提供的审查意见, 起草报价单提供给申请方, 并对认证对象和所开展的服务程序对申请方做详细说明。后申请方把质量手册电子版等认证材料免费提供给 MPS-ECAS。审查工作的执行取决于审查方和申请方的协商。

评估和审查程序具体规定了如何进行认证审查的执行和结果处理。申请方法人签字报价单并付款后, MPS-ECAS 审查开始。审查包含的内容取决于所申请的证书类型, 评估申请方的质量体系和(或)检测申请方的产品样本和(或)市场上的产品样本。质量体系审查由申请方发送评估文件(文件审查阶段)及实施评估(实施审查阶段)两个阶段组成, 完成后给出书面审查结果。当认证方案需要抽取样本并检查时, 申请方应该无偿向 MPS-ECAS 提供评定所需的样本。若在审查期间发生临时报告且产生了超出预期的审查结果, MPS-ECAS 应告知申请方, 相互协商后终止申请。审查期间申请方可随时撤销申请, 且不需要承担 MPS-ECAS 对于相关申请产生的费用。审查后形成记录, 对申请方的产品、生产流程或服务是否符合有关认证标准起草一份报告, 一个月内书面通知申请方审查结果。如果审查结果合格符合认证标准, 那么申请方将有资格取得证书, 审查报告可在荷兰的 Netherlands or Flanders、英国、德国登记注册; 如果在审查结果中发现问题, 申请方可在六个月内进行完善和补救, MPS-ECAS 期间会进行不定期观察; 如果审查结果不合格, MPS-ECAS 将书面告知申请方审查不通过的原因; 另外, 若审查结果合格, 但因为申请方自身原因不能提供认证协议和证书的, MPS-ECAS 判定为审查不通过并书面通知申请方具体原因。若申请方与 MPS-ECAS 对于认证方案有关要求发生争议时, MPS-ECAS 专家委员有最终解释权, 认证方应充分考虑专家委员意见。

通过审查后获得的 MPS 证书有效性取决于认证方案, 但在认证方案没有明确的情况下, 质量体系认证和检验认证的有效期为三年, 产品认证有效期为一年。申请方在持证期间, 生产过程需持续满足证书或认证方案及报价单、认证协议和相关条例的要求, 并严格在质量手册体系文件中形成相关的规程和条例。若认证方案有新标准更新时 MPS-ECAS 将书面通知持证人, 持证期间的生产活动需执行该新标准。证书可能因为认证协议的提前终止而丧失有效性, 但也可能存在认证协议终止前临时失效的情况(如生产进程及认证方案中所确立的标准被废除或修订等等)。因此, 为延长认证期限及证书有效性, 在证书失效前有必要开展再次评定审查工作, 否则证书失效期间严禁使用。证书有效期间, 为评估证书持有单位是否持续履行认证标准的规定, 在考虑持证单位的一些周期性生产活动前提下, MPS-ECAS 会定期开展公开或非公开的检查活动, 若认证方案中包含有检查计划的则按其执行定期检查频次，若认证方案无检查计划的，经 MPS-ECAS 专家委员会集体决议做出检查频次的补充规定。为做好检查工作，审查员和持证者需共同协作和配合，持证者需允许审查员自由进入评定工作涉及的所有场所，并能和有关人员沟通交流，以及执行抽样等工作。根据认证方案和证书适用范围，检查内容涉及质量体系文件以及组织机构、生产流程、有关文件的变更和执行标准、程序和条例的变更申请情况、证书发布方式、质量体系运转自我定期评定、缺陷的整改措施以及自我评定、投诉的处理、产品评估、样品的提取与检测、实际生产情况、对持证者单位、产品及生产流程的要求等。检查完成若出现问题，MPS-ECAS 将通知持证者在规定时间内进行整改，形成整改报告上报 MPS-ECAS，整改时间不能超过认证方案或标准所设定的期限，如认证方案或标准无整改规定期限则不能超过六个月。经 MPS-ECAS 查实整改报告、整改证据和实地检查核实后判定持证者采取的整改措施和预防措施是否有效及整改是否通过。整改不通过时，MPS-ECAS 将惩罚决定书面通知持证人并说明理由，给予持证者书面警告、附加审查、临时增加检查频次、临时暂停证书使用权、认证协议直接终止五种惩罚措施中的一个或多个，后两个惩罚措施发生时会面向社会公布。当检查结果存在严重不符合标准、持证者没采取适当整改措施对存在问题进行整改、存在违背 MPS-ECAS 方案和程序、申请人和 MPS-ECAS 协商一致暂停证书等的情况时，证书可能被暂停使用，MPS-ECAS 将书面通知持证者，并说明在何种条件下暂停可被取消。认证协议在证书暂停期间仍处于有效期，如果持证者在规定暂停期限内无法做出有效的整改措施，MPS-ECAS 将有权立刻终止认证协议。另外，当发生证书期限申请延长(如增加了新的生产设备、新产品、新生产流程或新服务项目等)或者缩短(如发展了新生产基地、生产流程或服务等)、认证管理体系改变(包括法律实体的改变、协会章程及组织结构或所有权改变等)、组织管理层变动(如关键管理层人员、决策人员或最高技术人员变动)、通信地址或营业场所改变、认证管理系统范围改变、管理体制和流程存在重大变动时，或持证者有目的地对公司某些产品、生产流程或质量体系进行变动时，必须及时通知 MPS-ECAS，MPS-ECAS 将依照认证方案和相关标准对相关要素实施追踪检查。对于增加的新产品或变更产品，只有当 MPS-ECAS 给予授权许可文件后，持证者才能将新产品或变更产品纳入证书范围内，贴上认证标志。认证协议终止或证书暂停使用被实施后，持证者须停止使用证书及证书规定的相关权利，若有违反则处以 5 000 欧元的罚款，情节严重持续违反者，则每天罚款 500 欧元。

除规定以上 7 大主要认证条款外，第 6 版 MPS-ECAS 认证条例还规定了投诉、公示、认证标志和 logo 的使用、认证工作环境、公正性以及机密性、招募禁令的具体条款，为开展公正、科学的认证和实现持续认证化生产提供了政策和技术保障。投诉共分为 14 项小条款，包含一般投诉和涉及持证方的投诉、涉及 MPS-ECAS 的投诉、上诉和法律责任。一旦发生投诉 MPS-ECAS 需在一个月内进行纸质化手写备案，并整理投诉事实材料，如投诉涉及的信息、可作为证据的材料等，以便 MPS-ECAS 及时处理。在申请方已获得相关认证证书且评估文件和评估样品处于有效期间发生的投诉是涉及持证方的投诉。若投诉是关于持证者在执行认证协议或认证标准时出现问题，为确定出现问题可能会造成的事实性质及原因，MPS-ECAS 会组织专家委员会对持证者进行检查并充分讨论，如证实问题确实存在 MPS-ECAS 将建议持证者完善质量体系并进行相应整改。当认证过程中发生 MPS-ECAS 无故同意、否定或撤除认证，或做重要决策时主要审查人员存在连续缺席的情况，申请方或持证方可在 MPS-ECAS 网站下载或向 MPS-ECAS 办公室索取 APR 投诉表，仔细填写 APR 投诉表后形成文件上报 MPS-ECAS 管理高层投诉，MPS-ECAS 高层在核实后进行相应回复。一般投诉者会在十个工作日内收到投诉是否成功的回复，六周内收到 MPS-ECAS 高层关于该投诉的最终处理决定，否则当事人可根据 MPS-ECAS 协会章程和上诉相关条例向法院提起上诉。当 MPS-ECAS 在认证过程或监管过程存在主观故意而对持证方造成直接损失时 MPS-ECAS 应承担法律责任，并对所有损失进行赔偿，赔偿的多少视执行的力度和时间而定。但若由于申请方使用互联网等现代传输工具传达相关数据发生了数据或处理结果的残缺或丢失的情况，MPS-ECAS 不承担责任。另外，认证过程允许发生的间接损失、利润损失或申请方任何干扰认证工作等引起的损失 MPS-ECAS 也无须承担责任。通过认证的公司 MPS-ECAS 会免费向社会发布信息，持证者也可以宣传其通过的认证及证书许可的实施内容。申请方通过认证获得的认证标志及 Logo 应在证书所允许的实体及范围内的使用，Logo 不得随意修改，使用不得有损 MPS-ECAS 及认证系统市场声誉，且不允许第三方使用。开展认证工作或监督检查期间，申请人和持证方必须保证 MPS-ECAS 工作人员工作环境安全没有风险。

为保证认证的机密性和公正性，MPS-ECAS 规定了相关约束性法律协议保证认证申请或执行认证时产生的信息机密，如外派专家须签署保密协议等。另外，认证审查员不允许为申请方或持证方工作或者作为技术顾问，如审查员在过去两年中为有关公司做过顾问或其他原因而无法保障审查工作的独立性时，则该审查员应予以回避。结束条款着重说明了关于 MPS-ECAS 认证条例修订或变更的规定，即只有经 MPS-ECAS 专家委员会同意且通过网站和新闻公示相关具体变更数据或条款及生效日期后，修订或变更的新条例才有效，其他未近事项由 MPS-ECAS 负责解释和说明。

3. MPS-ABC 认证

MPS-ABC 认证计划包括社会责任和环境保护等方面的内容，并确保切合国家政府的政策方针(例如环境保护许可证)。生产者获得 MPS 证书就表示其具备生产绿色产品的能力，并体现出他们认真对待社会和环境保护的责任。认证参数主要针对花卉生产过程中涉及环境问题的化学农药、化学肥料、能源、水和废弃物的使用和处理情况是否都做好记录，是如何使用的，然后认证机构 MPS-ECAS 可清晰地根据参与认证的生产者在生产过程中对于环境保护程度的细节记录来评定是否达到绿色生产要求以及达到的产品等级判别。

1) MPS-ABC 认证要求

MPS-ABC 证书评分定级的依据是基于参与认证的生产者在实际生产中对于影响环境的因素控制，根据每个主题的评分标准进行评分。在认证过程中，参与认证的生产者需要对化学肥料和化学农药的使用情况、能源的消耗量和废弃物的处理情况等做好详细记录，一年至少需要记录四次，并提交给 MPS 认证审核组织 MPS-ECAS，由 MPS-ECAS 对其绿色生产的情况进行评分定级；同时 MPS 也要求参与认证的生产者提供总的用水量，用于和类似作物在相同生产条件下的总用水量做比较，总用水量相比较生产同类作物越少的得分将越高。具体记录细则见表 2-2。

表 2-2　MPS-ABC 认证要求

评分定级项(points scheme)	记录内容(records)
化学农药(crop protection)	高毒类　中毒类　微低毒类
能源使用(energy)	电力　燃油　煤气
化学肥料(fertilizers)	氮肥　磷肥
水(water)	收集的雨水　滴灌或循环水　排水　总用水
废弃物(waste)	废弃有机体　废弃化学制品　废纸　废塑料
认证的亲本原材料 (environmentally certified parental material)	经 MPS-ABC(或同等机构)认证的材料 经 GLOBALGAP(或同等机构)认证的材料

来源：Certification scheme MPS-ABC(2016)。

2) MPS-ABC 评分定级标准

MPS-ABC 证书等级是反映花卉生产过程对环境保护的水平。MPS-ABC 证书的不同等级根据不同评分来定，评分量表范围是 0 分到 110 分，绿色生产记录总分为 100，另有 10 分附加分，附加分只有当参与认证的生产者使用已获得绿色生产认证的亲本原材料来生产时才可获得。根据最终得分将评出四个等级：MPS-A+级、A 级、B 级或 C 级。

根据 MPS-ABC 认证项目的具体认证要求和详细评分方案可知，针对不同栽培地环境，评分细则也有所不同，可参见表 2-3。结合表 2-3，具体分析评分方案，对于保护地栽培，使用化学农药，高毒类、中毒类和微毒类评分分别不超过 12、12、16 分，总分不超过 40 分；能源使用的总评分不超过 20 分；氮磷肥的使用分别不超过 10 分；废弃物的处理，有机质废物、化学废品、废纸、废塑料等分别不超过 3、3、2、2 分，总评分不超过 10 分；水这一部分总分不超过 10 分；对于附加的评分项，使用 MPS-ABC 或者同等机构认证的亲本繁殖材料加分不超过 10 分，使用 GLOBALG.A.P 或者同等机构认证的亲本繁殖材料加分不超过 5 分。对于露地栽培的评分细则，出于栽培地环境限制的原因，会影响化学农药和能源的使用情况，所以使用高毒类、中毒类和微毒类化学农药的评分分别不超过 15、15、20 分，总分不超过 50 分；而能源使用的总评分不超过 10 分。

表 2-3　MPS-ABC 评分方案

评分定级项(points scheme)	得分(score)	
	保护地栽培 (covered cultivation)	露地栽培 (outdoor cultivation)
化学农药(crop protection)	≤40	≤50
能源使用(energy)	≤20	≤10
化学肥料(fertilizers)	≤20	≤20
水(water)	≤10	≤10
废弃物(waste)	≤10	≤10
认证的亲本原材料 (environmentally certified parental material)	≤10	≤10

来源：Certification scheme MPS-ABC(2016)。

　　参与认证的生产者将根据最终得分来取得 MPS-ABC 的不同等级证书，只有获得 MPS-A+级和 MPS-A 级的参与认证的花卉生产者才可以在其花卉产品上使用该证书标志，作为证明产品符合绿色生产的认证标志，使其花卉产品获得可被国际市场认可接受的通行证。一旦产品应用了 MPS-ABC 认证标志，购买商可一眼看到他们购买的产品是由一个合格的绿色生产种植者生产的产品，从社会责任和环境保护的角度都更为直观且有意义。具体等级评分如下：

　　(1)MPS-A+级证书，总得分必须不低于 90 分，并且必须同时满足化学农药使用的得分不低于其最高总评分的 85%，肥料使用的得分不低于其最高总评分的 75%，能源使用的得分不低于其最高总评分的 75%。

　　(2)MPS-A 级证书，总得分大于或等于 70 分，上限为 110 分。

　　(3)MPS-B 级证书，总得分大于 55 分，且不超过 69.9 分。

　　(4)MPS-C 级证书，总得分为 10～54.9 分。

3)MPS-ABC 对于花卉绿色生产的国际性意义

　　MPS-ABC 认证计划目前在国际花卉贸易市场上越来越受重视，至关重要的是它还是花卉生产行业最可靠的绿色生产认证评定标准之一。MPS-ECAS 作为MPS-ABC 认证系统的主体，已得到荷兰认证委员会(EN45011, ISO/IEC Guide 65)的肯定与支持，所以在一定程度上保证了 MPS-ABC 认证评级的可靠性，确保了整个国际花卉贸易市场对已获得 MPS-ABC 证书的花卉产品的认可，进而促进了花卉的绿色生产。

一旦参与认证的生产者满足了认证标准，则 MPS-ECAS 下发 MPS 证书认证标志给生产者，这将传达给参与认证的生产者的所有客户及所在国家的政府机构和整个社会，他的所有产品都通过了认证，是符合绿色环保生产要求的。参与认证的生产者还可以将 MPS 证书装饰图案展示在其与生产相关的所有工具包括官方网站上，同时所取得的证书也可显示在鲜花拍卖时的交易大钟上，以及花卉产品交易的各种形式和渠道上，成为一张国际性的花卉交易通行证。那么获得认证的花卉产品则将更被花卉零售商和企业认可接受，走向国际化。

4. 推广 MPS 认证模式的国际经验

纵观国际成功的花卉认证，均具有以下特点：第一，具有完善的法律法规体系和认证体系。花卉认证项目能否成功运行与国家政府引导和执行有很大关系，虽然荷兰等国家没有针对 MPS 认证模式出台专门的法律，但是却制定了非常细致的认证体系及指导实施的相关政策和指南，为 MPS 认证提供了详尽的制度框架和标准依据。第二，具有专门的 MPS 认证管理机构。成功实施 MPS 的国家大多有着专门的 MPS 管理机构，如荷兰花卉认证认可标准体系(MPS)是荷兰农业部、荷兰植物保护局、荷兰农业和园艺业组织联盟(LTO)、荷兰花卉拍卖和种植者协会等部门制定的行业性生产规范，是一项在国际上注册登记的环境保护标准，由荷兰 MPS 基金会管理。第三，注重认证过程评价。MPS 认证通过"小步骤大团体"的方式，使参与企业更好地了解自己当前采用的生产方式，引导他们从常规生产方式向可持续绿色生产方式转变，从而达到最大限度减小环境破坏、提高企业形象的目的。第四，具有健全的监管体系。健全的监管政策具有很强的独立性、不受政治影响、独立于监管对象等特质，以保证监管机构根据其恰当和明确的职责划分来开展工作，以获得足够的资源和设备，从而保障决策过程透明和有效发挥监管职能。

2.4.2　全球良好农业规范(GLOBALGAP)

GLOBALGAP(Global Good Agricultural Practice，全球良好农业规范)于 2003 年正式发布，是由欧洲最大的一些零售商，如 Tesco，Sainsbury's，Safeway，Albert Heijn，Delhaize 和一些主要超市组成的联盟。GLOBALGAP 成员包括生产商、服务商、供货商以及来自农业输入端和服务端的附属成员等，他们的产品范围包括从粮食作物到牲畜肉类，从水产养殖到复合饲料和植物繁殖材料等。GLOBALGAP 重新定义了 GAP(Good Agricultural Practice，良好农业规范)的内容，重点放在了 ICM(Integrated Crop Management，农作物综合管理)，IPC(Integrated Pest Control,

病虫害综合防治），QSM（Quality Management System，质量管理体系），HACCP（Hazard Analysis and Critical Control Points，危害分析与关键控制点），员工健康、安全、福利以及环境污染控制及保护管理等方面。GLOBALGAP 的前身是 EurepGAP（Eurep Good Agricultural Practice，欧洲良好农业规范），其目的在于让消费者不用担心发展农业带来的环境影响，并且采取负责任的方法确保员工健康和安全以及福利。目前 GLOBALGAP 主要为水果和蔬菜提供认证，对花卉和观赏植物的标准认证正在逐步发展和扩展。为了获得认证，生产者必须符合主要必须认证控制点的标准，针对一些特殊作物比如花卉和观赏植物还需符合次要必需的特殊要求，对于推荐的控制点生产者可以选择性进行。对于花卉和观赏植物的认证，GLOBALGAP 最重要的内容还是强调关于员工的健康和安全控制点及相关环境保护问题。

　　GLOBALGAP 认证为农产品生产者提供了一个具有划时代意义的平台，使得他们可以有机会按照国家政府、欧洲市场和非政府组织的农业标准进行生产。GLOBALGAP 标准中对产品可追溯性、食品安全、环境保护和工人福利等提出要求，增强了消费者对 GLOBALGAP 产品的信心。通过 GLOBALGAP 认证就如给生产农场增加了一道保护屏障，其认证点覆盖范围包括了产品认证的整个过程，即农场的输入物资（如种子）以及农场所有的生产过程和活动，直到最终产品产出并输出农场的整个生产流程。目前，一些国家级的和国际性的花卉及观赏植物计划已经申请运用 GLOBALGAP 标准作为认证准则，同时像 Florverde（哥伦比亚绿色花卉认证标签），MPS-GAP（荷兰花卉环保项目良好农业规范）以及 SWISSGAP HORTICULTURE（瑞士园艺花卉良好农业规范）等都已成为全球公认的认证标准，这意味着生产者只要取得这些认证证书，就等于其满足了 GLOBALGAP 标准。GLOBALGAP 自诞生以来一直保持着强劲的发展势头，到 2004 年 6 月底，通过 GLOBALGAP 认证的面积达 724 247hm²，是 2003 年底的 1.9 倍，被世界范围的 61 个国家 24 000 多家农产品生产者所接受，更多的生产商正在加入此行列。

　　众所周知，我国是世界第一大水果生产国，水果总产量已超过 6 000 万 t，占全球产量的 14% 左右。据检验检疫部门统计，我国每年可出口的水果约有 100 多万 t，然而真正出口成功的只有一小部分。2002 年，我国水果的出口量仅为 16 万 t，仅占世界水果出口总量的 3%，且价格明显低于发达国家。究其原因，随着欧洲对于食品安全问题关注程度的增加，欧盟进口农产品的要求越来越严格，没有通过 GLOBALGAP 等认证的供货商就在欧洲市场上被淘汰出局，成为国际贸易技术壁垒的牺牲品。中国农产品只有提升农业操作标准化，确保农产品质量，通过一些如 GLOBALGAP 认证才能促进向欧洲出口。另外，获得 GLOBALGAP 证书是实现与国际买家互通的通行证，我国作为世界贸易组织的成员，对外资零售业全面开放，越来越多的 GLOBALGAP 会员（如德国的麦德龙 Metro、英国的特斯科 Tesco、荷兰的阿霍德 Ahold 等)相继进入中国市场，只有通过 GLOBALGAP 认证的产品在采购招标会上才更具有竞争力。

2.4.3 哥伦比亚绿色花卉标签认证(Florverd)

Florverd 由哥伦比亚花卉种植者协会和出口商协会于 1996 年正式发布，是哥伦比亚鲜花业商贸协会建立的一套环境责任自愿规划，规划的宗旨是实现花卉种植的可持续发展，减少农药、能源和水的使用，并改善废弃物管理。Florverd 花卉标签的主要目的在于设定与花卉生产有关的社会标准和环境标准，并制定有关指导准则来要求花卉生产者在整个生产过程中注重对社会和环境的保护(王丽花等，2016)。"FlorVerde"成员企业正在逐步实施各种方案，包括教育和个人发展方案，员工关爱方案，娱乐、住房购买与维护方案，妇女发展方案以及卫生保健方案等。"FlorVerde"为非强制性认证，标准和规范有专门的人力稽查员负责检查公司人力资源情况，检查其是否按法律规定支付员工报酬，员工上岗前培训准备工作是否到位等；化学物质稽查员则负责检查农药用量是否妥当；环境保护稽查员负责调查生产现场维护情况，如走道是否清洁、有没有设置必要的危险标志等；水资源稽查员负责监督检查从河流湖泊中非法取水的行为，并确保污染过的水都经过去污处理等。只有通过检查的公司才具有使用"FlorVerde"标签的资格。Florverd 追求的宗旨，是在提高花卉生产者及其家庭的生活水平的同时，重视花卉生产环境的保护，保证生产环境的可持续发展，让世世代代的花卉种植者都能受益；确保花卉消费者所需花卉的品质保障。

Florverd 认证系统由一系列管理文件构成，这些文件主要处理一些标准和其他重要的准则，并得到认证所需相关信息资料和整个指导过程的支撑，以确保获得该认证标签的花卉在最高要求的环境标准和社会标准下持续有效地增产提质。SGS(Societe Generale De Surveillance，瑞士通用公证行)已证实了 Florverd 认证的可靠性，且在 2008 年，Florverd 认证完全以 GLOBALGAP 为基准进行认证，如果想要取得 Florverd 认证，花卉生产者就必须遵从 Florverd 认证规定的所有强制性标准，包括操作指导和社会准则等。

2.4.4 德国花卉标签计划(FLP)

FLP(Flower Label Program)，是由德国的一个联合协会于 1996 年正式发布的，该协会成员主要由德国的一些人权组织、工会、教会、花卉生产商以及零售商共同组成，他们共同参与签署了《国际行动守则》，敦促花卉行业遵守国际劳工组织标准、联合国人权宣言以及基本的绿色生产环保标准。FLP 主要关注的是生产切花、观叶和观花植物的社会和环境条件的认证体系，该认证体系是以

ICC(International Code of Conduct for the production of cut flowers，指导切花生产的国际准则)基本准则为基准。ICC 定义了花卉绿色生产的通用标准，然而 FLP 对特定的对象和有关要求给出了更详细的内容。当国际法和上述标准在处理同一个问题时，对于有关申请需要使用更为严格的条款。遵守的企业可以在花卉产品上贴上相应标签，这样，消费者就可以给这些种植者提供支持。厄瓜多尔花卉栽培产业已有 10%以上的企业加入了花卉 FLP 贴标计划；世界热带雨林联盟和可持续发展农业组织(SAN)标准禁止花卉栽培产业使用任何已被美国环保局、欧洲联盟、联合国粮农组织、联合国环境规划署禁止使用的农药。所有经 SAN 认证的农场产品都可以加贴"热带雨林联盟认证"标志。

FLP 标准的实施情况需由单独的审查组织每年对其进行检查，对 FLP 标准实施情况的检查是在没有通知的情况下随机进行的。如果说种植者是严格按照 FLP 标准进行花卉生产的，那么其产品在销售时就可贴上 FLP 花卉标签，同时他们也会成为 FLP 认证协会的成员兼董事会的代表。那些已获得国际贸易标准认证的种植农场可以通过接受 FLO-CERT 的检查来申请成为 FLP 协会成员资格。此外，FLP 新出台的两个认证方案，FLP local 和 FLP organic 如下：

(1)FLP local /FLP regional：针对满足 FLP 标准并且在其生产基地 200km 范围内营销的供应商可以申请 FLP 认证。

(2)FLP organic /FLP bio：针对那些一直履行着 FLP 的社会标准以及有机农业的指导方针并已取得认证的有机生产者，他们可以申请 FLP 认证。

2.4.5　公平花卉植物标签(FFP)

FFP(Fair Flowers Fair Plants)，于 2005 年正式发布，是由来自世界各国涉及花卉从业者所组成的基金会，其成员包括 UF(Union Fleurs，弗勒联盟-国际花卉贸易协会)、欧洲花卉贸易组织、NGOs(Non-Government Organization，非政府组织)和一些工会等。FFP 认证标签关于环境保护和社会责任的计划主要基于 ICC 和 MPS-A 标准。FFP 标签参照的国际标准主要是以下两个水平：一是环境保护方面的认证，基于 MPS-A 认证或者同等水平的绿色认证；二是社会认证，即满足如 MPS-SQ 认证的要求的国际指导准则。FFP 标签不仅保障了花卉消费者的权益，同时也是花卉生产、贸易以及零售等方面的保护伞。FFP 要求申请认证的一方需承担相应社会责任，其产品需满足有关绿色生产环保要求，而且整个生产流程还必须可以追本溯源，这样才能保障每个环节对环境和社会的影响都可控。

2.4.6　欧盟生态标签计划(EU Ecolabel)

EU Ecolabel(European Union Ecolabel，欧盟生态标签)计划，是由国际组织欧盟委员会于 1992 年正式发布的。该认证标准不是基于某个单一因素而定，而是基于在产品的整个生命周期内可能对环境造成影响的所有因素。EU Ecolabel 计划的重心在于主张花卉生产对环境造成危害程度控制在最小以保障生态环境的可持续发展，其要求该计划的参与者必须遵守绿色生产的最低标准。欧盟生态标签计划在保护环境的同时也维护了广大消费者的权益，消费者可以通过产品是否贴有该标签(EU Ecolabel)来识别并选择绿色产品，同时它属于一份自愿参与计划，旨在鼓励企业以及市场推出对环境友好的产品。在欧洲，其他国家的生态标签计划可以与 EU Ecolabel 协作开展，当成员国和欧盟委员会在选择和发展认证产品以及修订标准时，要求 EU Ecolabel 与其他国家标签计划的生态要求协调一致，对环境的危害都应做到尽可能无或控制到最小。

2.4.7　荷兰有机花卉认证标签(EKO)

EKO 是由荷兰的一个非盈利的私人基金会组织 Skal 于 1985 年正式发布的，Skal 的主要任务是对荷兰的有机产品进行认证和检查，EKO 作为 Skal 制定的标准，其主要认证对象是采用有机方式生产出鲜花的花卉从业对象。根据 EKO 要求，它所认证的有机鲜花是在不使用人工合成的化肥和杀虫剂的前提下种植出来的有机绿色鲜花，在土壤方面要求种植者对土地进行轮作(每年种植不同的作物)，保证作物种类多样且具较强抗性，病虫害控制采取生物防治、农业防治等自然或生态的方法进行。只有 100%进行有机种植的生产企业并获得 EKO 认证才有资质使用 EKO 质量标志，该认证要求产品的有机成分必须达到 95%及以上。EKO 标签在鲜花认证方面也常作为其他花卉产品获取认证的参照，比如鲜切花要想取得 Bioflora 认证标签(Bioflora 是荷兰的一个种植者协会，其主要的四个成员均是鲜切花有机种植者)，那么需要被认证的鲜切花产品至少有 25%已取得 EKO 认证，而其余部分则要求已取得 MPS-A 认证。由于 2010 年 7 月 1 日该基金会对 EU Ecolabel 的强制性引入，与 EU Ecolabel 融合后的新标签就逐渐地取代了 EKO 标签。

2.4.8　ISO9000 和 ISO14000 认证

ISO9000 是国际标准化组织(ISO)在 1994 年提出的概念，用于证实组织具有提供满足顾客要求和适用法规要求的产品的能力，目的在于增进顾客满意度，是各国对产品和企业进行质量评价和监督的通行证，其执行的标准是由

ISO/Tc176(国际标准化组织质量管理和质量保证技术委员会)制定的国际标准,凡是通过认证的企业,表明在各项管理系统整合上已达到了国际标准,企业能持续稳定地向顾客提供预期和满意的合格产品。ISO14000 是 ISO 继 ISO9000 之后推出的又一个管理标准,其由 ISO/TC207 的环境管理技术委员会制定,有 14 001 到14 100 共 100 个标准,统称 ISO14000 系列标准,是一种完整的、操作性很强的体系标准,包括为制定、实施、实现、评审和保持环境方针所需的组织结构、策划活动、职责、惯例、程序过程和资源利用等,达到节省资源、减少环境污染、改善环境质量、促进经济持续、健康发展的目的。通过 ISO9000 和 ISO14000 认证对消除非关税贸易壁垒即"绿色壁垒",促进世界贸易具有重大作用。

2.4.9　澳大利亚切花质量认证(AQAF)

澳大利亚切花质量认证(AQAF)制度是 ISO9000 的翻版,执行 AQAS 标准。AQAS 标准是澳大利亚在借鉴荷兰花卉业标准的基础上,根据澳大利亚实际情况修改而制定的标准,实行该项制度的优点是重视最终产品的外观和表现。AQAF强制性要求花卉生产企业必须根据 AQAS 标准对花卉进行分级,并遵守冷藏与采后处理卫生,不符合 AQAF 标准的花卉产品不得张贴 AQAF 标识进行销售,合格花卉产品需包装好并贴上标有花卉生产商编号的 AQAF 标志才能销售。另外,花卉生产企业还必须提供土壤处理、农药喷施、营养元素使用等影响花卉质量的 4~5 项技术工作流程及痕迹管理等给 AQAF 进行检查并形成文字材料。花卉生产企业必须严格根据该项制度的要求生产一个月以上才能申请认证,并定期接受审查监督。目前该制度处于试点阶段,墨尔本市场管理局期望向所有的花卉生产企业推行该制度。

2.4.10　欧洲及地中海植物保护组织(EPPO)认证计划

欧洲及地中海植物保护组织(the European and Mediterranean Plant Protection Organization,EPPO)是一个地区性植物保护组织,成立于 1951 年,主要负责欧洲和地中海区域内所有成员国植物保护方面的合作与协调工作,至 2018 年其成员已从 1951 年的 15 个成员国增加到 51 个成员国,几乎覆盖了欧洲和地中海区域的每一个国家。为实现全球环境保护计划,其还与欧洲联盟委员会、欧洲粮食安全管理局、欧亚经济委员会和潜在成员国持续建立联系。EPPO 的发展宗旨目标有四,即防止引入和传播危害栽培和野生植物的害虫和外来入侵植物,鼓励执行统一的植物检疫条例和官方植物保护行动,推广使用先进、安全和有效的虫害控制方法,提供关于植物保护的认证服务。为实现该四个目标,EPPO 制定了有关农药和植物检疫的系列标准。

  关于农药的标准有农药功效评价标准(PP1)、植物良好保护措施标准(PP2)和环境风险评价标准(PP3)三类，由农药管理工作组制定。农药管理工作组下分杀真菌剂和杀虫剂功效评价小组、除草剂和植物生长调节剂功效评价小组、常用标准小组、啮齿动物控制小组、良好植物保护实践小组和农药环境风险评价特别小组。农药功效评价标准详细规定了开展的杀虫剂、杀螨剂、杀真菌剂、除草剂、植物生长调节剂等新农药相对于参照农药，对某害虫的防治功效所需进行的大田和温室试验条件、防治方法等，及其应用、评价、记录和计算方式、报告结果生成等，目前已制定280多项，并得到了EPPO理事会的正式批准，供各成员国负责农药登记和相关咨询服务的部门使用。2008年之前，标准均以纸质版形式出版，自2009年2月EPPO秘书处建立了EPPO标准网络数据库后，包含有最新农药功效评价标准综合汇编的电子版呈现在互联网上。如果一个公司要注册一种农药，就必须出示证明其没有破坏环境的成分，因而就必须研究其对环境的影响，也就必须有可接受的标准，这正是EPPO发布制定的有关环境的不同风险评价标准。环境风险评价标准是关于农药对于环境的风险评价影响计划标准，该标准由欧洲保护组织和欧洲委员会共同组成的农药环境风险评价小组制定，标准就如何评价某类农药对环境空气、土壤、地下水、工人、动物等的潜在影响提供了具体方法，比如如何向评审员提供必要的数据记录和问题处理方法、不同条件下的适合试验方法和信息收集途径、标准的记录数据方式和结果判断以及可靠的环境风险评价方法选择和风险管理。植物良好保护措施标准由植物良好保护实践小组制定，目前已制定了30多项，并得到了EPPO理事会的正式批准，标准描述了EPPO区域内的主要作物免受病原体、害虫、杂草等侵害的最佳防控措施和做法，具体通过使用抗病品种、农药防治、适当栽培技术及生物防治等来实现。标准中的每一种害虫均详细介绍了其生物学特征、世代发育方式、合理的防控方法等。

  关于植物检疫的标准有常规植物检疫措施标准(PM1)、特殊害虫检疫措施标准(PM2)、检疫程序标准(PM3)、健康植物产品生产规范(PM4)、虫害危险性评价标准(PM5)、生物防治安全标准(PM6)、害虫识别标准(PM7)、特殊产品检疫措施标准(PM8)、虫害控制体系国家标准(PM9)及植物检疫处理标准(PM10)十类，由植物检疫工作组制定。其中，健康植物产品生产规范(表2-4)包含了月季、香石竹、百合等作物的35项产品认证计划、病原检测技术规程、分级方案、植物材料病原检测规范等标准，其针对不同病虫害(如松材线虫、小麦印度腥黑穗、柑橘溃疡、瓜实蝇等)、病毒如TSWV、TBV等规定了细致的检测技术规范，标准在大量采用了DAS-ELISA单克隆检测技术的基础上，采用先进的分子检测技术如PCR等检测技术，大大提高了检测的灵敏度、准确性和速度。植物材料病原检测是EPPO检疫要求之一，健康植物材料均来自检测验证系统。以菊花为例，植株经过初步检测后，经热处理或脱毒措施通过组培繁殖获得无病毒和其他病原体的原原种，原原种置于隔离温室并将其繁殖两代及以上获得原种和生产用种，生产用种再繁殖一次得到商品植株材料。通过这一程序的健康菊花植株称为经检测验证系统的植株。除了制定标准外，EPPO 还定期举办与植物保护有关的会议和培训班（如应用技术、预测模型、植物保护方面的计算机应用等）。

表 2-4　35 项 EPPO 健康植物产品生产规范

序号	标准名称	EPPO 编号	备注
1	Virus-free or virus-tested fruit trees and rootstocks. Parts I to IV. Withdrawn and replaced by PM 4/27 - 29 -30	PM 4/1 (1)	无病毒或经病毒检测的果树和砧木。第 1 至第 4 部分。撤回和更新自植物检疫 4/27-29-30
2	Certification scheme for carnation	PM 4/2 (2)	康乃馨认证计划
3	Certification scheme for pelargonium	PM 4/3 (3)	天竺葵认证计划
4	Certification scheme for *lily*	PM 4/4 (2)	百合认证计划
5	Certification scheme for narcissus	PM 4/5 (2)	水仙认证计划
6	Certification scheme for chrysanthemum	PM 4/6 (2)	菊花认证计划
7	Nursery requirements - recommended requirements for establishments participating in certification of fruit or ornamental crops	PM 4/7 (2)	苗圃要求—水果或观赏作物认证参加机构的推荐要求
8	Pathogen-tested material of grapevine varieties and rootstocks	PM 4/8 (2)	葡萄品种和砧木的病原检测材料
9	Certification scheme for *Ribes*	PM 4/9 (2)	茶藨子认证计划
10	Certification scheme for *Rubus*	PM 4/10 (2)	悬钩子属植物认证计划
11	Certification scheme for strawberry	PM 4/11 (2)	草莓认证计划
12	Pathogen-tested citrus trees and rootstocks	PM 4/12 (1)	柑橘树和砧木病原检测
13	Classification scheme for tulip	PM 4/13 (2)	郁金香分级方案
14	Classification scheme for crocus	PM 4/14 (2)	番红花分级方案
15	Classification scheme for bulbous iris	PM 4/15 (2)	雪钟花分级方案
16	Certification scheme for hop	PM 4/16 (2)	啤酒花认证计划
17	Pathogen-tested olive trees and rootstocks	PM 4/17 (2)	橄榄树和砧木病原检测
18	Pathogen-tested material of *Vaccinium*	PM 4/18 (1)	欧洲越橘（蓝莓）材料病原检测
19	Certification scheme for *Begonia*	PM 4/19 (2)	秋海棠认证计划
20	Certification scheme for New Guinea hybrids of impatiens	PM 4/20 (2)	新几内亚凤仙认证计划
21	Certification scheme for rose	PM 4/21 (2)	月季认证计划
22	Classification scheme for freesia	PM 4/22 (2)	小苍兰分级方案
23	Classification scheme for hyacinth	PM 4/23 (2)	风信子分级方案
24	Classification scheme for narcissus	PM 4/24 (2)	水仙分级方案
25	Certification scheme for *Kalanchoe*	PM 4/25 (2)	伽蓝菜属认证计划

序号	标准名称	EPPO 编号	备注
26	Pathogen-tested material of *Petunia*	PM 4/26(2)	矮牵牛材料病原检测
27	Pathogen-tested material of *Malus*, *Pyrus* and *Cydonia* + corrigendum	PM 4/27(2)	苹果属、梨属、榅桲材料病原检测
28	Certification scheme for seed potatoes	PM 4/28(1)	马铃薯球茎认证计划
29	Certification scheme for cherry	PM 4/29(1)	樱桃认证计划
30	Certification scheme for almond, apricot, peach and plum	PM 4/30(1)	杏仁、杏子、桃子和李子认证计划
31	Certification scheme for hazelnut	PM 4/31(1)	榛子认证计划
32	Certification scheme for *Sambucus*	PM 4/32(1)	接骨木认证计划
33	Certification scheme for poplar and willow	PM 4/33(1)	杨树和柳树认证计划
34	Production of pathogen-tested herbaceous ornamentals	PM 4/34(1)	草本观赏植物产品病原检测
35	Soil test for virus–vector nematodes in the framework of EPPO Standard PM 4 Schemes for the production of healthy plants for planting of fruit crops, grapevine, *Populus* and *Salix*	PM 4/35(1)	土壤中带病毒线虫检测—水果、葡萄、杨树和柳树健康植物产品生产计划规范

来源：www.eppo.int。

2.4.11　荷兰花卉拍卖协会(VBN)标准

荷兰通过健全质量监控机构制定严格质量标准以及实行质量认证制度和产品质量信誉认可等措施来确保花卉绿色生产和产品优质高产。不同花卉产品的质量标准，由各花卉中介组织依据农产品质量法案分别制定，通过荷兰植物保护局、NAKB、国家新品种鉴定中心等机构执行，是当今世界上对花卉质量要求项目最多、最苛刻、花卉质量评价最为彻底的国家。除了执行欧洲经济委员会(ECE)的常规标准外，还要根据荷兰花卉拍卖协会(VBN)标准对观赏期、运输特性等内在品质进行评价。各种花卉都有质量编码和各自的采收标准以及质量等级标准，所有鲜切花在拍卖前必须经过质量检测与鉴定，符合质量标准时，由相应机构颁发产品质量认可证书，产品方可上市流通。紫苑等 11 种切花或盆花产品 VBN 规范由专业术语、商品交易基本条件、质量与等级标准、包装规格、建议 5 部分组成，其中商品交易基本条件对预处理、细菌含量、最低商品质量要求等作了要求(表 2-5)。

根据 VBN 检测标准要求，在 ALSMEER 等拍卖市场除对切花的成熟度、缺损、病虫害等外部质量进行检测外，还必须定量检测鲜切花的内在品质(预处理、瓶插寿命等)，达到标准并进行过保鲜处理才发放鉴定证明，允许进入市场拍卖，达不到要求的鲜切花不准进入市场销售，如预处理(如 STS、氯或铝的硫酸盐、赤霉素、糖、AOA 等)的检测通过调查花卉剪切口的活性成分、切口部位的细菌数量以及花枝浸泡溶液的 pH 来确定保鲜剂的应用情况，通过模拟消费环境的方法检测切花的瓶插寿命等。另外，George Franke 是 VBN 开展植物检疫的秘书和政策顾问，为 VBN 拍卖提供建议，其密切监测植物进出口检疫领域发生的事件，努力阻止对花卉等植物有害的生物进境。这样，VBN 通过终端产品的最低市场准入条件、检测检疫等措施促进了花卉生产的高标准和绿色生产技术实施，实现了花卉生产过程、市场销售及应用整个流程的环境保护建设体系的良好运转。

表 2-5　VBN 标准对切花商品交易基本条件的规定

序号	标准名称	预处理、细菌含量、最低商品质量要求
1	百合产品规范	含 STS 活性成分的预处理剂处理
2	非洲菊产品规范	茎干重/克细菌含量<100 万
3	菊花产品规范	含季铵化合物的预处理剂处理
4	六出花产品规范	至少两个花芽已现蕾
5	满天星产品规范	含糖和季铵化合物的预处理剂处理
6	香石竹产品规范	含 STS 活性成分的预处理剂处理；长度超过 30cm 的侧芽必须除去
7	小苍兰产品规范	每枝花单瓣至少有 4 个花蕾，重瓣至少有 2 个花蕾
8	一枝黄产品规范	含氯铵活性成分的预处理剂处理；无明显潜叶虫害
9	郁金香产品规范	1 扎花束里 95%的花枝至少有 1 个花蕾显色
10	月季产品规范	含硫酸铝的预处理剂和保湿剂浸泡，每束至少 20 枝，茎干重/克细菌含量<100 万
11	紫苑产品规范	含季铵化合物或氯化物的预处理剂处理

来源：www.vbn.nl。

第3章 我国花卉绿色生产认证现状

从全球花卉产业的发展来看，人们在重视花卉产品品质的同时，也开始关注其生产环境的保护情况(朱留华，2003)。于发达国家而言，在保护消费者权益、品种专利的同时也注重环境保护，这在一定程度上提高了花卉产品在国际市场发展的标准，也对发展中国家提出了更多的环保要求(王雁，2007)。花卉绿色生产在我国有很多优势，比如气候多样、种质资源丰富、劳动力充裕等，但是存在的问题也很多，比如花卉产业结构单一，花卉企业技术落后，花卉产品品质良莠不齐、缺乏国际竞争力等(王红姝，2003)。一些发达国家如荷兰已经制定出了比较完善的花卉绿色生产环保认证体系，在保证花卉产品品质的同时，拓宽了花卉的国际市场，也实现了环保，真正做到了高品质花卉生产与生态环境保护并重的要求，而我国也积极响应全球绿色生产环保行动，但在花卉绿色生产方面仅处于初步研究阶段。

3.1 我国花卉生产贸易现状和发展趋势

从我国花卉产业发展历程来看，花卉生产在促进我国花卉业经济发展、丰富我国经济结构组成方面，做出了极大的贡献。随着现代科学技术和我国市场经济的快速发展，我国对于花卉的需求量进一步增大。

3.1.1 我国花卉生产发展现状

1. 生产和管理水平快速提升

随着现代科学生产技术、管理技术的完善发展，以及以智能控制技术为基础的现代生产管理技术在花卉生产过程中发挥了重要作用，无论是从育种阶段、繁殖阶段都对花卉生产过程做出了巨大的贡献。与此同时，在我国花卉生产新管理体系、新模式的应用过程中，相较于传统的花卉生产过程，可以在高度智能的管理控制技术支持下，保证我国花卉生产技术可以实现花卉生产过程的动态性保护。在这样的背景下，我国花卉生产系统的管理水平快速提升，并为后续的花卉生产过程提供了巨大支持，这也是保证我国花卉行业发展的基础。

2. 花卉的分类管理能力进一步提升

在我国花卉生产发展过程中的核心环节是根据花卉种类有针对性地选择管理方式。通过总结知网、万方上的相关资料可以发现，我国的花卉主要包括两种：第一种是多肉类花卉，该种类型的花卉的供给量相对较大，受到各个消费阶层的喜爱，生产培育过程要求相对较低，是我国花卉行业的核心组成部分；第二种是水生花卉，该类型的花卉种类是我国目前花卉的重要组成部分，也是进行我国花卉生产发展研究的核心组成部分。与此同时，在实际的花卉生产过程中，结合我国花卉组成结构的调查研究，我国花卉生产发展对于各种花卉品种都可以有针对性地进行生产控制，这也是未来我国花卉行业生产发展要关注的重点问题。

3. 集约化生产向专业化、现代化生产转变

在"十一五"期间，我国涌现出了一大批种植面积超过千亩的大型花卉生产基地，生产规模化和专业化程度较高，示范效应较好。同时，我国花卉示范园的区域化布局逐渐趋于合理化，形成了一批各具特色的花卉集中示范区，并推出了许多优秀的花卉产品，如云南昆明的鲜切花、山东菏泽的牡丹、福建漳州的水仙等，区域化布局初具规模。而且，随着花卉产业现代化生产水平的不断提升，其生产分工进一步细化，各生产者的生产职责更为明确，生产效率和质量较以往更有保障。同时，花卉产业的产业链布局更为合理，实现了资源的高效整合，较好地适应了现代花卉产业生产的实际需求。随着花卉市场的逐步发展成熟，一些专门的销售公司、运输公司、加工公司等纷纷出现，有效地带动了花卉产业的蓬勃发展，同时也满足了消费者的个性化需求，花卉产业的生产分工得到进一步细化。在生产标准化体系建设方面，已初步构建了相应的种苗、种球、鲜切花和采后处理、包装等的相关标准或规程，花卉生产企业在标准制定和标准采用方面重视率提高，花卉生产转型明显，已成功从数量扩张转型为品质控制型，花卉生产逐步迈向专业化、标准化，产品向多样化、国际化、品质化发展，国内花卉消费市场对高品质、新品种花卉需求增加。

以云南省为例，云南花卉已成为世界名牌。据不完全统计，2017 年云南花卉生产面积 1.4hm^2，产值 10.4 亿美元，单位面积产值 7.5 万美元/hm^2，由 81 万农户和近 2000 家中小企业为生产主体，以自主完成投资、种植、销售的方式开展切花生产，设施条件方面，简易棚约占 70%，标准大棚和智能高端温室占 30%。生产技术方面通过 20 余年的花卉产业发展和技术支撑，目前三代并存且表现为第一代(普通农户土栽模式)减少，第二代(土壤和基质混合栽培模式)为主向第三代(智能化无土栽培)发展的良性发展，其中农户及小型企业高效绿色种植技术较欠缺。目前，月季、香石竹、菊花、非洲菊、百合等花卉主要以土壤栽培为主，一些大型

的花卉公司如弥勒品元园艺有限公司(月季)、云南云秀花卉有限公司(月季)、方德博尔格玫瑰种植公司(月季)、云南太古花卉公司(香石竹)、澳洲林奇集团花卉示范基地(月季)等随着市场消费需求和技术发展,已采用全无土基质栽培模式,实现了肥水循环和高产优质切花生产。相比于第一代土壤栽培,智能化无土栽培农药、化肥使用降低15%以上,切花增产4~6倍,产值增效6~8倍,在提高经济效益的同时体现了环境保护等生态效益和社会效益。月季切花栽培三代生产模式效果见表3-1。

表 3-1　不同生产方式技术需求和效益情况

不同点 生产方式	第一代 (普通农户土栽)	第二代 (土壤和基质混合栽)	第三代 (智能化无土栽培)
设施和设备	竹子或水泥棚、土壤栽培、人工浇水	钢架薄膜棚、土壤栽培、简易喷滴灌	智能玻璃或薄膜温室、基质栽培、水肥回收灌溉、加温、补光
效益情况	效益低、不生态、不可持续	高效、不生态、不可持续	高效、生态、可持续
技术需求点	渴望系统种植技术	掌握一定技术,关键高效生产技术需求	种植水平高,新优品种和全球市场信息需求
产量/(万支/亩)	3~4	4~6	14~18
产值/万元	2.5~3	5~7	16~20
成本/(元/支)	0.3~0.45	0.55~0.6	0.7~0.9

来源:云南月季切花生产调查数据。

3.1.2　我国花卉贸易现状

随着国际花卉市场的竞争日益激烈,我国花卉在国际贸易中遭受的绿色壁垒日益增多,许多国家开始实施以保护消费者利益、保护环境和保护品种专利为核心的花卉市场竞争策略,抬高了发展中国家进入国际市场的门槛。据中国农业部统计数据,2016年我国花卉种植面积相比2015年持续小幅增加达133.04万hm^2,销售额1389.70亿元,出口额61 982.34万美元,花卉产值和产量呈持续上升趋势。另外,据2016年6月22日中国花卉协会来自海关总署2014年和2015年的花卉进出口统计数据显示,2014年和2015年我国花卉进出口贸易总额分别为3.57亿美元和3.29亿美元,其中2015年出口额达1.88亿美元,同比增长0.76%;进口额达1.67亿美元,较2014年的1.42亿美元增长18.80%。其中,花卉出口方面,以鲜切花、鲜切枝(叶)及种苗为主要出口花卉类别,且鲜切花出口占比45%,出口产区主要分布在云南、浙江、广东、福建、上海、山东、河北、江苏、北京、辽宁等28个省(区、市),主要出口至日本、韩国、美国、泰国等105个国家和地区;花卉进口方面,种球、种苗及鲜切花是主要进口花卉种类,占比93%以上,分别从荷兰、泰国、智利等 61 个国家和地区进口，进口地区主要为云南、北京、上海、浙江、广东等地。总体来说花卉进出口呈现快速发展态势。

3.1.3　我国花卉发展趋势

1. 更重视保护花卉生产环境

在我国花卉生产发展过程中，要充分保护花卉的生产环境，从追根溯源的角度进行分析。由于生产技术的掌握程度和管理工作的相对不力，生产阶段出现环境破坏问题，导致我国花卉生产出现不可持续的发展苗头。因此，为了保证我国花卉生产发展的可持续性，就要求在未来的花卉生产发展过程中，尽可能地从生产保护层面制定技术和管理策略，做到有始有终地保护我国花卉生产环境。

2. 利用分类管理方式促进花卉产业发展

分类管理的方式具体来说，就是在花卉生产过程中不仅要优化分析花卉生产结构及种类结构组成，还要从分类的角度进行花卉生产，并逐步扩大多品种花卉结合的水平和范围，来实现花卉生产过程的整体性和科学性，进而有效促进花卉生产的进一步发展。

3. 利用先进管理方法管理花卉生产过程

运用先进管理系统管理花卉生产过程的主要任务之一就是保证花卉生产过程的有序稳定运行，防止花卉生产系统在运行过程中出现问题。结合这样的生产要求，就需要有效分析研究花卉生产过程的主要管理因素，全面管理花卉生产系统。并有效根据花卉品质的主要特性参数，进行生产过程设计和使用先进生产技术和管理方法，确保花卉生产过程的绿色和持续性。

3.2　我国花卉绿色生产技术研究进展

在我国，花卉生产栽培者对肥料的使用不仅要考虑到作物所需的矿质养分，还要注意减少肥料的浪费(王雁和吴丹，2005)，且应严格按照花卉绿色生产认证要求的所有参数指标来合理使用化学农药和化学肥料，并对病虫害尽可能采用生物防治措施(宋秀杰和陈博，2001)；对于花卉生产中所产生的废弃材料和垃圾(报废玻璃、废弃塑料制品及包装材料、植物残体等有机材料)等严禁随意滥排乱倒，应采取合理的处理方法，如植物体自然堆沤熟化作肥再利用，其他废弃物分类处理等，并开具废弃物处理的相关证明材料(王雁和吴丹，2005)。柏斌(2011)提到，在云南的锦苑花卉有限公司研发的一项"温室肥水循环利用及作物高效栽培"技术，已经应用在花卉温室栽培中，循环系统已实现肥水排量的回收和再利用，提高了肥料的利用率，相比过去由30%提升至80%，大大减少了浪费，从而降低了化学肥料使用所造成的环境污染问题，在生产中实现了环境保护；此外，邱学礼等(2007)研究了施肥对环境的影响，认为采用滴灌施肥方式，不仅节约资源，也降低了肥料成本实现高效施肥，从本源控制如氮肥和磷肥等流入地下水。另外，根据杜彩艳(2010)的研究，在切花月季生产中，缓释肥的使用可显著性改变月季的品相性状，并达到7%~14%的增产效果，有效提高了月季当季养分利用率，进而减少浪费和污染。此外，有关研究将药渣混入有机肥施用可有效改良月季再配土壤，结果显示：5kg/m² 有机肥混入 1kg/m² 药渣施用来改良土壤的效果最佳，相比对照，月季的栽植成活率提高了14.20%，同时花蕾增粗、萌芽增多，鲜切花瓶插寿命延长4.7d，并且有机肥混合药渣施用对切花月季生产的促进作用在盐碱地尤为显著(周艳等，2013)。

在绿色生产技术系统研究方面，花卉生产大省云南走在前列。至"十二五"，云南的花卉生产主体主要为中低端生产方式，土壤连作障碍日益严重，对环境压力逐年增加。为此，云南省农业科学院花卉研究所借助互联网技术，通过产学研融合，重点开展了网络智能化数据采集技术研究，创新研发出集智能化数据采集、云端专家支持系统构建、移动终端种植 App 研制为一体的花卉绿色生产技术，实现了花卉种植的精准化和智能化。开发出 WiFi 版土壤传感器、局域气象仪等智能硬件与移动端 App，实现土壤及温室中的温度、湿度、光照、EC 值实时上传到云端数据库。利用该技术，与国际引进的 Priva 系统进行整合集成创新，实现对建成的 6 个智能精准栽培示范区基地环境数据的实时采集、肥水和病虫害预测预警集成示范，降低化肥农药使用40%以上，减少80%以上的水资源浪费，形成国内领先的花卉智能精准种植模式。同时，对花卉主要种植区及试验示范基地的土壤及气象信息进行采集与研究，并对月季、百合、香石竹、菊花、非洲菊、洋桔梗等鲜切花的光照、温度、水分、营养需求规律及病虫害进行试验研究和图像采集识别的机器深度学习，建立云端智慧专家系统。绿色生产技术的应用，促使农药化肥施用量双减、优质切花比例达 90%以上，引领花卉迈向生态高效的绿色智能生产新时代，推动了云南花卉产业从追求数量效益向追求生态质量效益的产业升级。

3.3　我国花卉绿色生产认证

在我国，产品认证制度与国民经济的发展同步，认证机构的发展经历了从计划经济到市场经济的过程，有着鲜明的历史背景，经历了四个阶段，即产品评优阶段(1979~1983 年)、生产许可证制度阶段(1984~1987 年)、初步建立产品认证制度阶段(1988~2001 年)、强制性产品认证为主体的中国产品认证制度阶段(2002 年至今)。新世纪的花卉产业除了关注花卉本身的品质外，也越来越注重生产过程中的环境保护问题。目前我国农产品认证主要有有机、绿色和无公害食品质量认证、良好农业规范(GAP)认证、QS 认证、ISO9000 认证，ISO14000 环保质量认证等，认证遵循客观性、独立性、权威性、标准化和公开性原则。如绿色食品标准由我国农业部颁发，由农业部绿色食品发展中心负责认证管理，认证分 A 级和 AA 级，证书有效期 3 年。

在花卉认证方面，自我国加入 WTO(世贸组织)后，随着国际贸易能力的提升，2008 年北京奥运会提出的"绿色奥运"目标，促进了我国花卉进入国际市场并发展了我国的花卉认证(王茂华，2004)，同时随着我国政府部门对花卉绿色生产认证的重视，促进了对国外花卉认证如 MPS 认证的引进学习，逐步提升了我国花卉产品品质，使我国符合认证条件的花卉企业尽快达到国际市场的要求(王雁和吴丹，2005)。我国目前尚没有一套完整的绿色生产认证体系，对于现今国际公认的 MPS 认证，在我国显然也还是一个新兴概念，为推动我国花卉认证制度的建立和花卉认证工作的全面开展，我国于 2004 年与荷兰就花卉认证合作事宜进行商讨，希望加入 MPS 并借鉴其成熟先进的运作模式来展开国内的花卉认证工作。2005 年 5 月 24 日，国家认证认可监督委员会与荷兰花卉 MPS 代表团共同在北京举办了研讨会，就目前我国花卉 MPS 认证的筹备工作以及试点企业关心的问题进行了深入研究和讨论。同年 8 月 8 日，国家认证认可监督管理委员会(CNCA)与 MPS 基金会签署了备忘录，由国家认监委指定了 8 家认证代理机构、花卉生产企业参加试点工作和调查，已有云南、浙江、北京、辽宁等省市的近百家花卉企业成为花卉 MPS 认证的试点。同年 9 月 8 日，CNCA 与国家林业局、农业部、国家标准化管理委员会、中国花卉协会共同发起成立了"中国花卉认证工作指导委员会"和"花卉标准化技术委员会"，这标志着我国政府开始启动中国花卉认证进程，并提出当前我国花卉认证的重要任务就是在中国引入 MPS 认证体系，使我国符合条件的花卉企业尽快达到国际进口市场要求。2006 年启动"中国-荷兰 MPS 花卉认证合作专案"，两年后，"上海市闵行区苗圃"、"上海鲜花港德鲁仕植物有限公司"和"上海鲜花港三益农业生物技术有限公司"等首批 78 家花卉企业获得 MPS(花卉环境计划)认证。2015 年 2 月，国家认证认可监督管理委员会、中国花卉协会再次到云南调研 MPS 花卉认证工作，再次提出要加快推进花卉认证工作。

第4章 我国发展花卉绿色生产认证的必要性

花卉产业一直是我国农业板块中最新颖的发展方向，也是利润与社会价值最高的产业之一。20世纪末我国花卉产业才逐渐稳步发展，慢慢形成规模；随后又紧跟改革开放深化发展的步伐，开始走向成熟，花卉产品的产量和品质也渐渐得到了国际市场的认可(薛君艳，2015)。但是近年来随着我国工业化的发展，国家很多制度相应出台，给我国现代设施农业带来很多困扰。特别是2018年国家开始禁止使用煤炭进行加温等问题，让很多花卉生产商焦头烂额。但是未来随着信息化的加速，花卉产业的粗放式操作必将过去，花卉产业未来要创新必须在产品数量、品质、价格、宣传引导以及环境友好型生产上去下功夫。花卉产业作为我国的一大新兴产业，无论是经济方面还是社会层面都具有很高的效益，是促进我国经济稳步增长的支柱产业(朱世威，2009)。据农业部种植业管理司公布数据，2016年我国花卉生产总面积已达到133.04万 hm²，对应销售额已达到1389.7亿元，生产总面积和销售额相比2015年增长了1.91%和6.69%，相比上一年，我国花卉生产稳中有升，内销增长尤为明显，已经远远超出其他农业经济作物产品所创造的经济价值，其中出口额达到了6.17亿元，在我国外汇增值的各大出口产品中花卉产品所做的贡献在农产品出口贸易中名列前茅(旷野，2016)。可见，花卉产业在促进我国经济发展方面以及花卉生产从业者在农业生产和农村经济建设中均起到很大的作用和比重。

4.1 发展绿色生产认证改善农业生态环境的迫切性

近年来，集约化农业生产依托科学技术得以迅猛发展，其生产结构和生产水平不断提高的同时也为此付出了相应的代价，如资源被掠夺式开发，有些甚至消耗殆尽，出现了诸多农业环境问题(孙铁珩和宋雪英，2008)，主要体现在农化产品(农药、化肥、农膜等)的滥用以及农用废弃物处理不当等所引起的土壤、大气、水体和产品污染，以及水土流失、土壤板结、水源和土壤重金属污染、水体有机污染和富营养化(王艳玲等，2010；Sims et al.，1989)等。据统计，进入21世纪，中国化肥产量和施用量仍在增长，而且近几年的生产量和使用量均居世界第一(葛可佑，2004），而农膜造成的"白色污染"，在我国年残留量高达 35 万 t，残膜率达 42%（孙铁珩等，2005），因此发展绿色生产以及相关的认证成为改善我国农业生态环境问题的迫切需要。

4.2　花卉生产与生态环境保护的关联性

在所有的农业生产中，花卉生产同样面临着诸多环境问题，以农药、化肥的过度施用，对各种花卉种质资源、生物多样性和生态环境的破坏，以及对生物安全威胁等问题较为突出（吴学灿等，2000）。目前，施用农药仍然是花卉生产中防治病、虫和草害的重要措施，虽然施用农药控制了病虫害使花卉生长良好，但由于农药的不合理使用及其高毒性和高残留性，不仅破坏了生态环境，还危害人们的健康。我国目前对植物的保护仍然是以施用农药为主，据相关研究分析，喷施的农药仅 20%～30%的药剂会附着在植物体表面，且仅有 8%～15%被利用而起到防治作用；降落到地面上的药剂高达 30%～50%，有 5%～20%飘浮在空气中，还有相当一部分随水体流失（David and Rose，2002）。所以，在花卉生产中，喷施农药浪费量极大，不仅造成了生产成本的增加，还造成了对环境的极大破坏，同时还危害园艺工人的健康，应当引起生产者们的重视。而化肥的不合理使用，在花卉生产过程中同样会污染环境。通常，生产花卉的土壤肥力降低、理化性质恶化、板结等情况，都是由于长期不合理施用化肥而造成。反过来，由于土壤质地变差，导致花卉生长不良，又会加大化肥的使用量，也因此加重对花卉产品的品质污染和生态环境的破坏。据花卉生产者介绍，种植花卉需要使用比粮食生产高出一倍左右的肥料量。种植花卉所施用的肥料，植株吸收利用以及土壤所吸附固定的仅仅是一小部分，大部分流入环境并造成污染，而且植株对磷肥和氮肥的利用率并不高，分别为 10%～20%和 40%～50%（夏荣基和杜景陵，1981）。可见，花卉生产造成的环境问题十分严重，发展花卉绿色生产十分迫切。国外花卉生产对提高品质和注重环保都已越来越成功，目前我国政府和一些花卉企业也已开始重视花卉绿色生产的发展。

4.3　现阶段花卉生产存在的问题

4.3.1　存在花卉野蛮生产，标准化、专业化程度不够

我国花卉生产以分散经营、小农经济为主体的竞争格局仍未根本改变，大型生产单位屈指可数，花卉生产专业化人才缺乏，农事操作管理专业程度不高，大量施用化学肥料对土壤造成板结和破坏，过量喷施农药以及农药使用不当及其本

身所具有的毒性、残留特性，会对生态环境造成破坏及周围环境的污染、危害人类健康等。许多杀虫剂，特别是有机磷酸酯杀虫剂，是通过干扰神经功能杀灭害虫，不合理的喷施可能导致工人面临神经系统中毒的危害。80%以上的花卉生产者既要生产又要销售，导致精力过于分散，无暇顾及产品质量的提高与环境保护，导致产品品质稳定性差，难以进入国际市场，只能在国内进行价格战的低水平竞争，经营路径得不到拓展。一些从事花卉经营的资深企业人士对此深有感触，呼吁我国花卉业应注重标准化、专业化，尽早取得国际认证资格，摆脱低水平重复投入的困境。

4.3.2 病虫害防治科研投入不足，预防意识不够，过于依赖化学农药

为满足市场对花卉品种的需求，我国近二十年来加大了引进花卉及种球(苗)的数量。仅 1997～2001 年，我国进口的观赏植物就达 150 种(属)，分属于 30 科120 属。花卉品种的大量引进带来了花卉市场的繁荣，也伴随着外来入侵病虫害传播扩散的风险。据出入境检疫局数据，口岸截获的各类病害中以线虫病害为最多，其次为真菌病害，分别占检出病害的 34.8%和 30.4%，携带检疫性病害的寄主植物主要以观赏性花卉、苗木及繁殖器官传播的病害最多，占 36.5%。外来入境病虫如蔗扁蛾(*Opogona sacchari* Bojer)在 20 世纪 80 年代末期随国外引进巴西木入侵我国，初期只在南方一些地区发生，西花蓟马(*Frankliniella occidentalis* Pergande)和扶桑绵粉蚧(*Phenacoccus solenopsis* Tinsley)分别于 2003 年和 2008 年首次在北京和广州被发现，目前均已蔓延至我国大部分地区，给我国花卉及其他作物造成严重经济损失。加之温室园艺环境的高温、高湿、风速低、温度变化较小，天敌种类少的特殊环境为病原菌和有害生物的孳生繁衍提供了有利条件，病源孢子和虫卵无越冬现象，一些世代周期短、繁殖快的病虫害可终年发病和繁殖。温室常见害虫蚜虫、红蜘蛛、粉虱、蓟马，常见病害根癌病、病毒病等，虽然我国历来倡导病虫害综合防治，物理防治、生物防治也有不少成功的实例，但实际应用不普遍，具体体现为设施园艺观赏植物与商业性销售紧密相关，温室植物对害虫忍耐力低，轻微危害即会影响观赏效果而使经济价值明显下降，因而生产者不能容忍即使是少量病虫害的存在，所以为尽快消除危害症状，大部分花卉生产者更喜欢使用农药来防治病虫害。另外，病虫害零星发生时不易被发现或没引起足够重视而错过早期防治，最后爆发成灾时往往数种化学农药大量盲目施用或提高稀释倍数施用，导致病虫抗药性增强，治愈难度加大，残留于空气、土壤和水体的农药大幅增加，土壤团粒结构遭到破坏，环境进一步恶化。

我国花卉产业目前科技含量较低，植保等配套技术滞后的主要原因在于我国花卉产业起步较晚，从事花卉产业科研的人员也比较少，科研经费投入不足。我

国科研经费占同期花卉销售收入的比例较低，与全世界平均每年农业科研投入（含花卉科研投入）占农业总产值的 1%，一些发达国家超过 5% 的水平相比较，尚存在较大的差距。据统计，我国花卉生产 70% 来自农户，30% 来自企业。大中型企业占花卉企业总数比例偏低，占 8% 左右，与农业其他产业相比较，花卉企业同样显出规模小、技术研发投入低的特征。近年来，我国的花卉产业硬件设施发展较快，一些企业也实现了规模化生产，但植保等一些配套技术的研发滞后于花卉产业的发展势头，在技术不配套的情况下盲目扩大生产规模给经营和环境带来极大的风险，严重影响了花卉产品的质量和生产环境的可持续发展。具体表现在我国针对一些重要危险性花卉病虫害的检疫、绿色防控基础研究滞后，生产企业缺乏相应的有效防控设施和植保体制，环境意识不强，接受新技术的能力有限。

4.3.3　缺乏规范的花卉绿色生产认证标准，政府倡导力度有待加强

由于花卉产品的特殊性，使人们对花卉标准化认证的了解与重视程度严重不足。虽然近年来我国在绿色生产认证上取得了一些进展，但是对花卉产业环境安全问题的重视程度仍然不够，绿色安全生产大多停留于一个抽象的理念。同时，认证技术核心部分我国仍未掌握，十余年来在花卉绿色生产认证的推行上成效不大。究其原因，就是没有一套适于我国花卉生产实际且与 MPS 相关、行之有效的绿色生产环保认证标准体系、技术规范和认证要求，在一定程度上明显制约了我国花卉的国际竞争力。另外，我国对标准化的投入严重不足，企业追求高产而忽略了自身的产品认证，影响了标准化的实施。此外，我国政府在产品认证中的定位尚不明确，在十余年的花卉绿色生产认证发展进程中，虽然客观上推动了产品质量进步，然而主管部门不明晰，且行业条块分割、各成体系。企业应对各个政府部门、各级办事机构的质量保证要求应接不暇，认证实施主体还停留在官方层面。

4.3.4　担忧商业秘密泄露，企业认证参与度不高

在已确定认证范围内的 32 个植物科属中，MPS 认证过程由 CNCA 下达相关工作指导，与相应的花卉生产企业合作进行前期技术准备工作。之后，由花卉生产企业根据自己产品的品种和栽植情况，按照统一制定的表格对有关内容进行详细记录。记录统计项目包括化肥使用量、农药使用量、水的使用量、能源的使用量、废弃物的产生和处理等。最后，CNCA 根据企业上报的数据信息按一定的计算模式进行汇总核算，给出综合评定的分值。由于花卉 MPS 认证过程涉及企业的一些商业秘密，为此，参与认证试点的企业也表示出了一定的担忧，参与热情度不高，因此，如何在我国花卉绿色生产认证体系条款中明确认证企业商业机密保

护程序是重中之重，只有让企业放心，才能使更多的花卉企业参与进来共同建立起一套既符合我国花卉生产实际，又与国际 MPS 接轨的绿色生产认证体系，增强我国花卉的出口优势。

4.3.5　费用牵制问题

由于起步晚，花卉认证产生的直接费用和间接费用极大地牵制了花卉认证在我国的发展。直接费用是由认证本身导致的费用，间接费用则是为满足认证要求，花卉经营单位在提高管理水平、调整经营规划、培训员工等方面所支付的费用。在许多情况下，间接费用比直接费用更高，而且认证费用与认证的花卉经营规模有关。由于规模小的花卉生产企业利润低，对于同样的花卉认证支出会使其经营成本升高。对花卉加工企业或花卉经营者尤其是众多小规模经营者而言，认证费用是阻碍他们申请认证的最大障碍。出于短期经济利益的考虑，许多花卉生产企业都不进行花卉认证工作。认证费用已成为制约我国花卉认证的重要瓶颈因素。

4.4　花卉认证对花卉产业的影响

全球花卉产业竞争激烈，竞争的不仅仅是品种、技术，还涉及管理、环境保护、生产条件、员工健康等多方面。世界花卉大国的花卉认证标准和体系正在逐步成熟，但在我国还处于起步阶段，发展花卉认证对我国花卉产业将产生巨大影响。2008 年，中国花卉协会会长江泽慧指出，要"进一步推进花卉标准和认证工作""花卉标准化工作一要加快标准体系研究步伐，建立健全花卉标准体系；二要加快产品标准的编制修订步伐，为社会和市场提供优质服务；三要重视标准的宣传工作，促进花卉标准化生产；四要重视花卉国际标准化交流活动，增强我国在花卉国际标准编制修订方面的话语权；五要以市场为导向，充分发挥企业在标准化工作中的积极性和主体作用。"这为我国花卉认证工作的进一步发展指明了方向。花卉产业作为我国重要的新兴致富产业，如何保持产业的低耗高效和可持续生产，探索和开展花卉绿色生产管理模式下的花卉认证策略是必经之路和有效途径，也是减少花卉生产过程对环境的污染、满足人们对环保型绿色花卉产品的需要。我国加入世贸组织后的优异表现及当今花卉国际态势也为开展花卉认证管理、促进花卉消费并使我国花卉走向国际市场提供了重大机遇。因此，我国应广泛收集国际先进的认证技术标准，分析借鉴国外先进经验，结合本土花卉生产实际，制订绿色生产认证规范、规则或技术标准，建立绿色生产认证管理体系，引导花卉生产企业实行绿色环保高效生产，在生产过程中降低农药、化肥等化学合成物质的投入，减少不可再生资源的消耗，从常规生产方式向可持续生产方式转变，从而最大限度减小环境破坏。建立的花卉绿色生产认证技术管理体系将明确我国花卉生产的技术标准、绿色生产指标、产品等级等，同时对花卉种植者进行生产过程和产品的全程无缝监督和检验，极大限度地保证开展花卉绿色生产的种植者的利益，为公平贸易提供有益平等的平台。倡导在保障效益的同时注重公共环境安全，保护生态环境，全面提升花卉产业的综合竞争能力，促进我国花卉业的国际化发展。

4.4.1 花卉认证对我国花卉产业发展的积极影响

建立适合我国的花卉认证体系，开展花卉认证工作将对我国花卉产业的发展产生巨大的推动作用。第一，通过花卉认证体系下标准化生产，将全面提高我国花卉产品质量；第二，通过采取切实的环保行动，加强从业者和消费者的环保意识；第三，建立健全对从业者的保护保障体系，极大地调动从业者的劳动积极性；第四，从侧面推进我国花卉产业与世界花卉业的全面接轨。通过花卉认证，使用"绿色标签"可以很容易地区分环境友好型和非环境友好型花卉产品，进而通过贸易行为有效杜绝以浪费资源、破坏环境为代价的花卉产品生产行为，保护正常经济秩序和正常经济利益。

1. 切实保护环境的同时提高花卉品质

我国花卉业长期处于一种随意性的发展状态，生产过程欠规范，对观赏植物生产给环境造成的污染问题重视不够，加之大量化学肥料及农药的使用不当及其残留性和毒性，对生态环境的影响非常大。通过减少农药化肥等的投入来减少化学品的使用，有效保护环境和促进可持续发展是花卉认证的主要目的之一。因此，建立起与国际接轨的中国花卉认证认可监督管理制度，动员和引导花卉企业积极开展花卉认证，可以规范我国花卉生产过程中对肥料、农药的使用，降低对化学物质的依赖，逐步减少花卉生产对环境的影响和破坏。同时，通过开展花卉认证，可使种植者更加注重生产技术和优良新品种的研究与开发，加强花卉质量管理，增强花卉企业的科技含量和整体实力，从而全面提高花卉品质。在促进花卉出口创汇的同时，建立起科学有序的管理体系，对花卉进口产品进行有效的控制，保护民族花卉产业的健康发展。

2. 有助于我国花卉产业健康发展

主要体现在三方面。第一，可以节约能源。能源是花卉生产的一个重要生产因素和成本因素。在我国花卉生产中，能源的应用主要包括水、电、燃料等，普遍存在的问题是能源设备落后、利用率不高。推广花卉认证认可标准则要求提高能源的利用率，节约资源，尽可能回收再利用，并不断改进设备生产技术。第二，保护从业人员的健康。花卉生产中，农药的施用过程可能对空气、水体、基质、花卉害虫以及花卉种植者、工作人员等产生影响。通过花卉认证制度中的参数指标来限制化学药剂的使用量，要求尽可能选用低度、低残留的农药种类，同时采取生物防治病虫害的措施，在保护环境的前提下，提高花卉质量，保证种植者、花卉消费者的健康和安全。第三，促进花卉产业管理体制与经营机制改革。花卉认证将有利于我国花卉产业结构的进一步优化，通过认证引导生产者的绿色高效种植理念，发展优质、高效的花卉产业。花卉认证的内容包括了对花卉经营管理的认证，如 MPS 认证包含了根据认证原则、地区标准等来评估花卉经营业绩；ISO 14001 标准要求申请认证的花卉经营单位必须不断改善环境管理体系，依照自己制定的目标和指标进行环境影响评估，并解决认证所要求的所有环境问题。

3. 充分与国际接轨，促进出口

获得国际通行的花卉认证，可以提高我国花卉产品的市场竞争力，促进出口。2006 年开展的花卉认证试点已对我国花卉产业的长远发展产生深远影响。借鉴国际通行的认证标准发展我国花卉认证，必将提高我国花卉产品的市场竞争力，成为促进出口的重要手段。

4.4.2　我国开展花卉认证的障碍因素分析

首先，花卉绿色生产认证的产业基础还有待完善。中国花卉业发展具有植物资源丰富、气候条件多样、劳动力与土地价格相对低廉、消费潜力巨大等优势，但也存在着产业结构不合理、产品标准不一且良莠混杂、企业和产品缺乏市场竞争力等问题。另外，我国正处于社会主义市场经济转型时期，具有特殊的管理体制和所有制形式，国外现有的任何一个花卉认证体系，若实行照搬照抄、原封不动的拿来主义，会存在不符合我国国情和花卉产业实际发展现状，不可能全面解决我国花卉认证工作所面临的各种问题。中国花卉产业发展仅为三十余年，花卉生产企业数量多，规模普遍不大，农户生产占了绝大多数，生产技术和生产标准及规范相对滞后，花卉认证对于我国花卉生产经营者来说毕竟是一项新型事物，对认证工作还没有足够深刻的认识。因此，认证的本土化过程可能存在一个真正诞生和实施前的"阵痛"阶段，可能会导致部分企业不适应和不理解甚至抵触，在短期内还有可能增加企业负担和影响企业效益，但一旦经过"阵痛"，认证化生产真正铺开和实施，认证带来的直接和间接效益将给认证企业带来突飞猛进的发展，产品也将在国际市场上得到广泛认可和销售。

其二，开展花卉认证，必然存在成本问题。如同本书前面所述，花卉认证一般包括直接费用和间接费用，直接费用是认证本身发生的费用，间接费用是为满足认证要求，花卉经营单位在提高管理水平、调整经营规划、培训员工等方面所支付的费用。在同等经营水平下，规模小的花卉生产比规模大的花卉生产的认证费用要高。有些企业理念意识不足或者本身经营状况就存在问题的情况下，让其拿出相当一部分资金开支于认证会有相当的难度。因此，在我国深入推行花卉认证，必须建立在解决费用问题的基础上，在推行花卉认证初期政府部门应配置相应的专项资金用于补贴、引导和奖励认证企业。

其三，认证初期可能会对花卉贸易带来一定的负面影响。我国花卉产品的出口优势之一是价格低廉，选择花卉认证和花卉认证化生产获得的产品，在产品质量提高的同时出口成本必然也会有一定的提高，如此一来在价格上相对失去竞争优势，对花卉产品的出口可能存在一定的影响。然而，若不选择花卉认证，随着国际市场绿色壁垒的增加和全球环境问题的日益关注，我国花卉将在国际市场上举步维艰。因此，为实现我国花卉"满足国内，扩大出口"的战略目标，低价格营销只是现阶段的经济建设权宜之计，发展花卉绿色生产，全面提高产品质量，获得"绿色标签"才是可持续发展的正确经营之道。此外，尽管我国已经实行了诸多政策引导，但当前我国花卉产业系统建立的现代企业制度不明朗，组织管理体制仍未摆脱计划经济的束缚，大部分企业在短时间内无法适应花卉认证标准。

总之，从长远利益来看，建立花卉认证体系对于我国花卉产业可持续性发展非常必要，推行花卉认证对我国花卉产业的发展影响总体来说是积极的，积极开展花卉认证必将带动我国整个花卉产业建立科学的管理体系，提高生产技术水平，引导和支持创新要素向花卉企业聚集，进而提高生产效率，保护生态环境，全面提升花卉产业的综合竞争力并促进产品出口，这也符合我国建设资源节约型和环境友好型社会的总体要求和发展目标。

第5章 我国花卉绿色生产认证的对策和建议

建立健全我国花卉绿色生产认证技术体系，推行花卉绿色生产认证，政府角色将由参与者转变为引导者和监督管理者，成为认证调节者和公共利益的维护者。在认证过程中，一方面要保持认证回报率的吸引力，另一方面认证具有公益属性，因此也要考虑维护公众利益和认证费用的合理性。为促进我国花卉认证，进一步建立健全花卉绿色生产认证技术体系，并能够得到更规范的运用，发挥最佳效果，建议从以下几个方面积极作为。

5.1 重视基础研究，尽快建立健全监管公平、高效的认证体系和管理模式

发展绿色生产首先必须重视基础研究。基础研究成果虽然不能直接产生经济效益，但是关系到一个国家花卉产业能否占据竞争制高点、能否持续健康稳定发展尤为重要。我国想要在国际市场中获得竞争优势，必须改变花卉生产中乱用、滥用化学农药的现状，应主要针对一些花卉重要病虫害的生物学、生态学、病理学方面以及应用基础研究的生物农药的开发、天敌批量饲养、昆虫病原微生物的筛选及大量培养技术等加大研究。病虫害防治普及"绿色生产，预防为主，综合治理"理念，运用行政手段引导农业防治、物理防治、生物防治及低毒高效农药防治的可持续控制主体措施，研究制定绿色环保型花卉产品的生产技术要求和管理模式，逐渐降低花卉生产对环境的破坏，节约能源消耗。

管理模式建设方面，我国自2004年引入MPS后，在认证的组织、管理、实施、监管和标准的制定等环节上，国家政府主管部门已经付出了大量的心血和努力，但目前仍未形成完善的认证体系和制度。因此，学习荷兰和欧盟等发达国家的先进经验，结合我国花卉生产实际，尽快建立健全一套监管严密、模式有效的认证体系和管理模式，同时建立认证责任风险分散机制和共同担保机制，特别是在获证后的监管方面，对于不同地域、不同产品应区别对待，根据风险程度来评估对企业、产品的管理措施。建立的认证体系应积极采用国际标准，做到与国际接轨、统一规范，以应对国外日新月异的技术性贸易壁垒措施，一方面促进我国国内花卉企业加强对技术性贸易壁垒的认识，提高产品质量以适应国际标准与产

品认证技术参数的符合程度,另一方面借鉴经验,适时构筑与国外对等的技术性贸易壁垒体系,减少国外歧视性规定。

5.2 树立品牌意识,走专业化、规模化、标准化发展的道路

从长远看,必须尽快建立起我国的花卉种植资源信息库、基因库,加大对优势种苗的培育与栽培技术、设施技术、采后处理技术的研究开发力度,形成我国产权的名花种苗,为国内企业参与国际竞争提供优势产品,同时鼓励企业形成各自的专业品牌。更重要的是,我国的花卉生产不能再搞大包大揽式的"保姆"经营,必须根据各地区资源优势考虑专业化,在专业化基础上形成以花卉认证标准化为保障的规模化,才能走出一条花卉可持续发展道路。实施的认证不仅要对花卉质量进行认证,还要对花卉生产进行环境评估。例如淋、喷、灌、滴各种用水形式的甄别与选定;肥料和农药的组成配方及其施、控技术;取代化学制剂对病虫害的防治与控制隔离等。国外花卉生产企业实际上仍有 10%~20% 的产品不合格,不合格产品应及时淘汰并进行无害化处理,保证产品的整齐、美观,凸显花卉商品的独特魅力。

5.3 大力发展国家认证机构

推行花卉绿色生产认证是国际通行的规范市场行为、促进经济发展的有力措施,也是从源头上确保产品质量安全、保护人民健康、指导消费、保护环境、扩大贸易交往的重要手段。认证机构是实施认证的主体,政府主管部门应明确自身定位,专注于做好宏观领导,将具体实施和执行的职能交由相关的授权单位、技术机构和中介组织来完成,大力发展和壮大我国国家花卉绿色生产认证机构,通过必要的扶持,尽快形成专业技术覆盖面广、实力雄厚、管理规范有序的国家认证主力军,认证结果能与国外 MPS 双边互认,逐渐形成在国内外有影响力的公正的第三方认证机构。

5.4 创造和谐认证和信息流畅的认证市场

充分利用政府的公众形象和职能,加强认证引导,加大对认证制度、国家认证机构和认证标志及标识的宣传,增加政府与外部的信息沟通渠道,及时反馈和了解认证制度的普及与推广工作。如建立供公众免费浏览和查询的网站数据库,

通过呼吁社会公众的监督意识，来辅助政府对认证市场的细化监管。同时，向公众提供认证信息和认证知识，引导正确的认证意识。

5.5 加强人才培养工作

人才是科技的载体。注重花卉专业人才的培养对于花卉生产而言是一项有利的投资，花卉绿色生产要想适应社会的发展和进步就必须用专业的科学技术来解决实际生产中所遇到的所有问题和难题，而不能单凭经验。花卉绿色生产认证模式管理涉及政府管理、认证管理、花卉绿色栽培技术和公共服务等多个领域，需要各方面人才的参与和推动。而花卉绿色生产环保认证在我国的推广和运用时间不长，人才十分匮乏。高校及科研机构从事观赏园艺研究的科研人员、从事花卉生产的企业技术人员等都是重点人才培养对象，国家可以设立相应的平台或专家库，通过一系列持续的科研项目支持，建立一支稳定的科研团队服务于生产企业，生产企业也可通过与高校和科研机构的合作，引进、培养一批经验丰富的、专门从事花卉绿色生产研究和管理的技术人员，实现强强联合和众创效益最大化。花卉生产中专业的花卉人才是生产技术的保障，也是花卉产品增产提质的关键。

因此，建议学习荷兰 MPS 认证经验，设立专门的花卉绿色生产认证人才培养机构和人才资格认证体系。政府部门加强人才培训工作，努力培养具备栽培、经济、法律、绿色环保、合同管理等相关知识的复合型人才，尤其是要注重提高政府相关部门和认证部门具体参与人员的实践能力。通过专业学习，能够培养致力于花卉认证事业的专业人才，有利于推动花卉绿色生产认证事业的健康发展。另外，再者对于国外先进的花卉生产技术与绿色生产认证标准等内容也需要专门的花卉从业人员才能更容易理解学习，应提供平台创造机会让花卉从业者到花卉发达国家交流学习，借鉴其先进的标准化绿色生产模式和高效施肥配方，以及绿色生产环保型的生物药剂并引入我国花卉生产，通过合理高效利用化学肥料以及减少有毒有害的化学农药使用来减轻对环境的污染，从真正意义上实现花卉绿色生产。

5.6 政府部门加强花卉生产过程的监督管理，建立政策和资金扶持体系

尽管我国花卉市场逐渐由卖方市场转变为买方市场，但是仍然存在许多不规范的地方，需要政府加强引导。一方面要完善相关制度体系，尤其是种苗有害病原、有害生物检疫和花卉产品农药残留检测方面的制度，政府部门在花卉生产中所需承担的环境保护责任是最为关键的，尤其是在我国花卉生产集中的地区，政

府角色应当由单一的环境保护参与者转变为将参与、引导和监督管理结合于一体，成为花卉生产中绿色生产认证的调节者、环境问题的制裁者、公共利益的维护者（王丽花等，2016）。对于花卉生产，政府部门应当积极对花卉种植者引导宣传环境保护的观念，并结合实际情况制定一些地方性的有关环境保护的规章制度来强制性要求种植者在生产中严格遵守，同时成立专门的监督管理组织来对花卉的生产过程进行检查，一旦发现违反标准条款的、不实施绿色生产活动的行为，就给予严厉处罚，用最强硬有效的监管手段来督促生产种植者时刻注重对环境的保护；另一方面，还应发挥花卉行业协会的作用，加强对环境生态效益的宣传力度，加大对花卉生产企业和农户病虫害防治过程中农药使用的监管力度。

　　另外，要推进花卉认证工作，就必须认真落实扶持花卉产业发展的有关政策，积极探索符合国际通行惯例与经济规律的资金扶持办法，制订吸引调动外资、社会闲散资金投入花卉产业的优惠政策；政府相关部门应安排专项资金，用于扶持花卉认证建设开发、认证达标中基础设施建设及对产业发展做出贡献者的奖励；尝试扩大信贷资金投入力度，探索新的经营模式，提高花卉生产企业的生产和扩大再生产功能。此外，在针对认证费用牵制等问题，在实施认证开始的3～5年，有相当一部分的专项资金应用于认证企业的认证费用扶持，加上政策宣传与市场引导等手段，使花卉生产企业认识到进行花卉认证是其创造更大利润的基础，从而在未来愿意认证和勇于认证，引导其在花卉认证上加大投入。

5.7　加强研究荷兰等发达国家的典型 MPS 认证案例

　　当前，国家正在积极推行我国的 MPS 试点工作，但是目前我国尚未建立起一套适宜有效的认证体系和制度，加之试点工作时间不长，积累的经验还不够，并且缺乏研究和挖掘。因此，非常有必要站在前人的肩膀上，系统研究国内外 MPS 典型案例，借鉴并吸取相关的经验和教训，深入学习案例，努力吸取国际成功经验，再结合我国不同地区的实际情况，科学合理地把国外 MPS 运用到我国的花卉绿色生产认证实际当中。

第6章　鲜切花绿色生产认证办法及技术要素初探

6.1　导　　语

20 世纪 90 年代初，荷兰花卉拍卖市场不断收到消费者反馈的农药、化肥等引起的环境问题，拍卖市场即开始着手收集种植者的数据和统计分析来向消费者进行说明和解释。1994 年荷兰花卉拍卖市场和种植者协会共同发起创立了 MPS 认证，1995 年成立了基金会，1999 年获得荷兰国家认可机构的正式认可。2007 年初，MPS 基金会正式与荷兰 ECAS 农业认证机构合并，实力得到进一步增强。

21 世纪的花卉产业发展突飞猛进，花卉生产在云南省已成为一个极具发展潜力的支撑国计民生的支柱产业，从 20 世纪的"量变"逐渐转型为"质变"发展，除了关注花卉本身的品质外，人们也越来越注重生产过程中的环境保护问题。与此同时，世界范围内高端花卉市场和花卉的高端消费人群，也对鲜花生产过程中的化学农药、化学肥料等造成的安全问题有了更多的关注，意识到花卉产业环境安全问题的重要性。为适应国际贸易发展趋势，赢得更多的花卉出口机会，2005 年 8 月，国家认证认可监督管理委员会与荷兰政府有关部门及花卉 MPS 基金会签署了《谅解备忘录》，在我国正式启动了花卉 MPS 认证，2008 年我国首批 78 家花卉企业获得 MPS 认证。"绿水青山就是金山银山"，十九大上习近平总书记一语道破了生存和发展的关系，并在报告中提出"建设生态文明是中华民族永续发展的千年大计，坚定走生产发展、生活富裕、生态良好的文明发展道路，建设美丽中国，为人民创造良好生产生活环境，为全球生态安全做出贡献。"另外，尽管我国花卉认证的产业基础还有待完善，但不能消极等待，必须有超前发展意识，而且施行花卉认证可在目前部分发展较为成熟的企业试行，以点带面，以推动产业快速进步。因此，为提高我国花卉产品质量、保护消费者利益，提高生产和经营环保型花卉产品、保护生态环境，在集成 20 余年花卉生产和标准制修订经验的基础上，查阅国内外相关资料，借鉴 MPS 认证、GAP 认证等国际先进认证标准，结合我国花卉产业实际，编写了"鲜切花绿色生产认证(CPEA)办法和技术要素"，期望为进一步丰富和完善我国农产品认证体系、实现我国花卉产业高效低碳生产及提高我国花卉产品国际竞争力提供技术支撑。

鲜切花绿色生产认证技术要素包含 7 大要素 17 项 150 条款控制点，其中 7

大要素包含生产场所控制，生产过程控制，采收和采后，标识，环境控制，投诉、召回/撤回程序、追溯和隔离以及记录的保存和内部自我评估及内部检查。鲜切花绿色生产认证（Cut-flower Production Environmental Authentication，CPEA）简称 CPEA 认证。CPEA 认证目标是引导花卉生产企业在生产过程中降低农药、化肥等化学合成物质的投入，减少不可再生资源的消耗，提升花卉生产企业的国际形象和竞争力。具体通过"小步骤大团体"的方式，使参与企业更好地了解自己当前采用的生产方式，引导他们从常规生产方式向可持续生产方式转变，从而达到最大限度减小环境破坏、提高企业形象的目的。经过认证的花卉企业，在联盟或体系内可体现更高的品质和企业形象同时获得更大的经济利益和市场竞争力。

6.2　鲜切花绿色生产认证办法探索

6.2.1　总则

第一条　为提高我国花卉产品质量、保护消费者利益，提高生产和经营环保型花卉产品、保护生态环境，根据《中华人民共和国农产品质量安全法》等有关法律、行政法规的规定，借鉴 MPS 认证、GAP 认证等国际先进认证标准，结合我国花卉产业实际制定本办法。

第二条　本办法所称评查，是指具资质的第三方认证机构根据产业/体系/联盟/团体的实际需求，按照法律、法规以及相关标准和技术规范的要求，对向社会和市场出具具有证明作用的数据和结果的鲜切花绿色生产认证进行条件与能力评审和确认的活动。

第三条　被评查的公司/企业/合作社/农户/基地经 1 年的跟踪考查及认证合格后发给认证标志，从事花卉产品生产和经营以及其他市场行为时可使用本认证标志。

第四条　具相关资质的主管部门和第三方认证机构负责鲜切花绿色生产认证的监督管理工作。

第五条　鲜切花绿色生产认证工作，应统筹规划、合理布局、逐层推进。鼓励各公司/企业/合作社/农户/基地积极认证，推进绿色生产认证建设。

6.2.2　基本条件与能力要求

第六条　鲜切花绿色生产认证应保证客观、公正和独立地从事认证活动，并承担相应的社会责任。

第七条　鲜切花绿色生产认证机构应当具有与其从事认证活动相适应的管理和技术人员，管理和技术人员应具有相关专业中专以上学历，取得相应资格。

第八条　被认证公司/企业/合作社/农户/基地应具有从事相关花卉生产和经

营的基本能力和条件，具有固定的生产场所，相关生产活动符合国家规定的检疫、防疫和绿色生产相关要求。

6.2.3 申请与评查

第九条 申请认证公司/企业/合作社/农户/基地(以下简称申请人)，应向主管部门或认证机构(以下简称评查机构)提出书面申请，填写申请认证表格。

申请人应当向评查机构提交下列材料：

(1)申请书及相关申请表格；

(2)机构法人资格证书或者其授权的证明文件；

(3)机构代码证和经营许可证书；

(4)近两年经营状况财务报表；

(5)其他证明材料。

第十条 评查机构负责对申请材料进行初审。

第十一条 评查机构受理申请后应当及时通知申请人，并将申请材料及时报送认证机构；不予受理的，应当及时通知申请人并说明理由。

第十二条 认证机构应当自收到申请材料之日起 10 个工作日内完成对申请材料的初审，完成初审报告。通过初审的，评查机构安排现场认证评查和记录跟踪评查；未通过初审的，评查机构应当出具初审不合格通知书。

第十三条 现场认证评查实行评查专家组负责制。专家组由 3～5 名评查员组成。评查员应具有高级以上技术职称、从事花卉生产或检测或相关工作 5 年以上，并具相关认证资格。现场认证评查专家组应当在 1～3 个工作日内完成评查工作，形成现场评审查报告。

第十四条 现场评查应当包括以下内容

(1)生产能力和设施条件；

(2)近 3 年生产经营状况；

(3)近 3 年水、电、农药、化肥使用情况和废弃物管理；

(4) 人员管理情况。

第十四条 记录跟踪方式：实行申请人每月定时向认证机构报送水、电、农药、化肥使用情况记录和废弃物管理等记录，认证机构不定时到申请人基地进行抽查和跟踪检查。水、电、农药、化肥使用情况记录表格和废弃物管理记录表格等由认证机构发放并负责收回。

6.2.4 审批与认证通过发放

第十五条 完成现场评查和 1 年的记录跟踪评查，结合现场评审查报告和 12

个月的记录跟踪评查结果, 评查机构应在 15 个工作日内, 做出申请人是否通过认证的决定。通过评查的, 颁发《鲜切花绿色生产认证(CPEA)合格证书》(以下简称《CPEA 证书》), 发放"鲜切花绿色生产认证(CPEA)标志(以下简称'CPEA 标志')", 在生产和经营活动中准许使用 CPEA 标志, 并予以公告。未通过评查的, 书面通知申请人并说明理由。

第十六条　《CPEA 证书》应当载明被评查的公司/企业/合作社/农户/基地名称、经营范围和有效期等内容。

6.2.5　延续与变更

第十七条　《CPEA 证书》有效期为 6 年。证书期满继续从事花卉生产工作的, 应当在有效期满前六个月内提出申请, 重新复查后办理《评查合格证书》。

第十八条　在证书有效期内, 被认证单位每年不定期接受评查单位的现场监督抽查或记录跟踪抽查。

第十九条　在证书有效期内, 被认证单位有下列情形之一的, 应当向原评查机构重新申请评查:

(1)被认证单位生产基地发生变更;

(2)在异地新建生产基地的;

(3)花卉种类增加的。

6.2.6　监督管理

第二十条　评查机构对被认证单位进行跟踪抽查和检查。不符合条件的, 责令限期改正; 逾期不改正的, 由评查机构撤销其《CPEA 证书》。

第二十一条　评查机构在评查中发现被认证单位有下列行为之一的, 应当予以警告; 情节严重的, 取消评查资格, 一年内不再受理其申请:

(1)隐瞒有关情况或者弄虚作假的;

(2)采取贿赂等不正当手段的;

第二十二条　被认证单位有下列行为之一的, 评查机构应当视情况注销其《CPEA 证书》;

(1)所在单位已注销或撤销;

(2)生产经营范围发生重大变化, 不具备花卉生产能力的, 未按本办法规定重新申请评查的;

(3)依法可注销的其他情形。

第二十二条　对被举报的认证单位及时进行重点核查和处理。

第二十三条　从事评查工作的人员不履行职责或者滥用职权的给予处分。

6.2.7　附则

第二十四条　法律、行政法规和农业部规章对农业生产获认证另有规定的，服从其规定。

6.3　鲜切花绿色生产认证技术要素

基本信息：

日期		认证员姓名及编号	
认证员工作单位及电话			
公司(基地)负责人		公司(基地)名称	
公司(基地)联系电话		公司(基地)地址	
花卉种类		认证单号	

(一)生产场所控制

编号	级别	评查要素及条款	评查标准	评查意见				问题和建议
				符合	基本符合	不符合	不适用	
YAF.1		生产场所和场所管理						
YAF.1.1		场所						
YAF.1.1.1	次要项	是否建立一套参考系统来确定切花种植地块或生产中使用的其他区域的位置，并有平面图和在平面图或地图上注明	遵循必须包括在每块土地温室或其他区域位置等处设有可见的实物标识，或在农场的平面图或地图上进行标识					
YAF.1.1.2	主要项	在每个生产单元或区域地点是否建立记录系统，以便提供在这些地点上的花卉生产活动的持续记录	现有记录必须提供所有生产区域的生产历史					
YAF.1.2		场所管理						
YAF.1.2.1	主要项	首次检查时是否有生产场所的环境评估；后续检查时是否有新建生产场所或已有场所(包括租用土地)存在变化后的评估；适用时，有关评估是否显示场所是否适合花卉生产	在初次检查时，需要环境评估来确定场所是否合适。每年必须分析评估场所对邻近物种、农作物、环境的影响					
YAF.1.2.2	次要项	是否制定生产场所管理计划以最大限度地降低评估中(YAF.1.2.1)识别出的已知风险	有一份涵盖了YAF.1.2.1识别的所有风险，并制定策略来证实生产场所适合于生产的农场管理计划					

续表

编号	级别	评查要素及条款	评查标准	评查意见				问题和建议
				符合	基本符合	不符合	不适用	
YAF.1.3		员工健康、安全和福利						
YAF.1.3.1		健康和安全						
YAF.1.3.1.1	次要项	生产基地是否有书面的健康安全须知、安全方针及程序	健康和安全程序适于基地运作。这些可以包括事故和紧急情况规程和应急计划，工作环境中已识别和提醒处理					
YAF.1.3.1.2	次要项	生产基地的所有员工是否接受过有关的健康和安全培训	通过目视观察，工人能证明其职责和任务的能力。必须有指导和培训记录的证据。生产者可进行健康和安全培训，有培训记录和/或培训资料					
YAF.1.3.2		培训						
YAF.1.3.2.1	次要项	是否保存培训活动以及参加者的记录	要保存培训活动的记录，其内容包括主题、培训者、日期和参加人员，须有出席者的记录证明					
YAF.1.3.2.2	次要项	所有操作和管理农药化学品、消毒剂、植保产品、生物灭杀剂和/或其他危险品的员工是否都具有能力操作和管理	记录必须识别出从事这些工作的员工，并显示其能力证据					
YAF.1.3.3		卫生						
YAF.1.3.3.1	次要项	生产基地是否有关于所有员工的卫生须知及规程	卫生规程应通过使用清晰的标识(图片)或员工通俗易懂的语言，粘贴在明显处。规程内容至少包括：手的清洁要求，皮肤伤口的包扎，禁止吸烟区域，指定的饮食和喝水区域，任何传染病和其他状况的通告等					
YAF.1.3.3.2	次要项	在生产基地工作的所有人员是否依据 YAF.1.2.3 中的卫生规程接受了年度的卫生培训	作为基本的卫生入门培训课程，书面和口头培训都必须进行。所有新员工必须接受该培训并确认参加。YAF.1.3.3.1 中的所有规程必须包括在该培训内。包括农场主和管理者在内的所有员工每年都应参加农场的基础卫生培训。有相关记录					
YAF.1.3.3.3	次要项	生产基地的卫生程序是否被执行	检查过程中从事卫生程序任务的员工必须证明其能力，有直观证据显示该卫生程序得到实施					
YAF.1.3.4		危害和急救						
YAF.1.3.4.1	次要项	是否有事故和紧急情况处理程序，且该程序直观展示并传达到所有与生产基地相关的人员	程序必须清晰地显示在入口处和显眼的位置以通俗语言和/或图片符号显示。该程序包括：生产基地参考图或农场地址，联系人，及时更新的相关部门的电话号码，灭火器的位置，紧急出口，紧急切断水、电、气的开关位置					

编号	级别	评查要素及条款	评查标准	评查意见				问题和建议
				符合	基本符合	不符合	不适用	
YAF.1.3.4.2	次要项	潜在的危害是否通过警示标志被清楚识别	永久和清晰的标志必须指明潜在危害(例如废坑、油罐、车间、植保产品、肥料、任何化学产品储存室门口和再次进入的时间间隔等)。警示标识必须存在且在工作场所使用注意语言和/或图片符号					
YAF.1.3.4.3	次要项	对员工健康有危害的物质的安全建议,是否易于获得	当需要确保采取适当的措施\信息(如电话号码等)应易于得到					
YAF.1.3.4.4	次要项	在所有固定场所和现场工作区附近是否配有急救箱	完整和维护好的急救箱必须要有并在所有固定场所能够获取,并能通过运输(车等)到邻近的工作场所					
YAF.1.3.5		防护服/设备(可选项)						
YAF.1.3.5.1	次要项	所有工人、来访者和分包商是否按照法律要求和/或主管部门配备了合适的防护服	完整的成套防护服应能符合标签指示和/或法律要求和/或主管部门授权,在农场应有足够防护服以供使用,并处于良好维护状态。如胶皮靴或其他适宜的靴子、防水服、防护服、胶皮手套等					
YAF.1.3.5.2	次要项	防护服使用后是否清洁并且保存,以防止个人衣物的污染	防护服应清洁,应有一个根据使用类型和潜在污染程度的使用清洁计划。清洁防护服和设备应与个人衣服分开清洗。应在脱掉之前清洗重复使用的手套。脏的和损坏的防护服和设备须被适当处理。所有防护服装和防护设备包括替换装和设备等的存放要远离植保产品					
YAF.1.3.6		员工福利						
YAF.1.3.6.1	次要项	是否指定一名管理人员负责员工的健康、安全和福利问题	有文件记录证据表明,有一名明确指定的管理人员来负责,确保遵守并执行,有国家和地方的关于工人健康安全和福利的相关法规					
YAF.1.3.6.2	推荐项	是否定期举行管理层和员工之间双向沟通会;是否有这些会议的记录	有计划有记录,每年至少举行一次农场管理层和员工之间的会议					
YAF.1.3.6.3	次要项	员工是否有清洁的食物储存区、指定的休息区、洗手设施和饮用水	洗手设施,适合饮用的饮用水,储存食物和就餐区域必须要提供给工人					
YAF.1.3.6.4	次要项	现场的生活区是否适合居住,并有基本服务和设施	工人在生产基地内的生活区应适合居住,有完好的屋顶、门窗,并有自来水、卫生间、下水道等基本设施					

(二)生产过程控制

编号	级别	评查要素及条款	评查标准	评查意见				问题和建议
				符合	基本符合	不符合	不适用	
YAF.2			品种选择					
YAF.2.1	次要项	如果客户有质量规格,种植者是否了解这些质量规格,并遵守符合	有种植者和客户之间的书面通信,以证明双方在任何时候都已达成质量规格协议。种植者必须证实议定的质量规格已遵守					
YAF.2.2	推荐项	品种是否已得到主要客户认可	有种植者和客户之间的书面协议,并且品种符合客户的质量规格					
YAF.2.3	推荐项	当品种已得到客户认可,是否有规定了种植品种的书面规格	有种植者和客户之间的书面协议,并且品种符合客户的质量规格					
YAF.2.4	推荐项	种植的作物是否符合书面规格	文件化的记录,例如必须有作物登记卡,并且必须符合客户规格					
YAF.2.5	次要项	品种是否满足最新的UPOV(作物新品种保护国际联盟)规则	需要时,应有书面文件证明种植的品种是根据当地法规获得,并遵守知识产权法					
YAF.2.6	推荐项	种植者是否了解品种对病虫害的敏感程度	有品种对病虫害的敏感程度的书面证据					
YAF.3			种苗(球、子)质量					
YAF.3.1	推荐项	是否有文件(合同等)保证种苗(球、子)的质量(无虫害、病害、病毒等)	保存和提供种苗(球、子)质量的记录、证书,陈述品种纯度,品种名称,批次号和供应商					
YAF.3.2	次要项	对于室内苗圃繁殖是否具有可操作性植物健康质量控制体系	质量控制体系必须包括病虫害感官迹象的监控体系,且提供目前监控体系的记录。繁殖材料生产的地方,有母株和适用的亲本作物地块的识别记录。记录必须按建立的间隔进行定期记录。若栽培的苗木或植物仅作为自身使用(不出售),则这(定期记录)就足够了。当使用砧木时,应有文件记录砧木的来源					
YAF.4			种植地和种植地管理					
YAF.4.1	次要项	种植者是否保留了种苗(球、子)定植率,播种、定植日期的记录	必须保留播种、种植,定植率和日期的记录并随时以供					
YAF.4.2	次要项	若可行,一年生作物是否进行作物轮种	通过种植日期和/或植保产品使用记录能证实作物的轮作					
YAF.5			土壤管理和基质管理					
YAF.5.1	次要项	是否实用技术来改良或保持土壤结构,以避免土壤板结	耕作的方法适合该地块。没有证据表明土壤出现板结					

编号	级别	评查要素及条款	评查标准	评查意见				问题和建议
				符合	基本符合	不符合	不适用	
YAF.5.2	次要项	采用的耕作技术是否能够降低水土流失发生的可能性	有证据证明采取了控制规范和补救措施(如地膜覆盖,在斜坡上使用十字线技术,排水沟,在种植地边界种草或绿肥、种树或灌木等)将土壤侵蚀(如水、风)减至最小					
YAF.5.3			土壤熏蒸(若没有土壤熏蒸,则不适用)					
YAF.5.3.1	主要项	是否有使用土壤熏蒸剂的书面理由	有使用土壤熏蒸剂的书面证据和理由,包括地点、日期、有效成分、剂量、施用的方法和操作人。禁止使用甲基溴化物					
YAF.5.3.2	次要项	是否遵守种植前的间隔期	必须记录种植前的间隔期					
YAF.5.3.3	推荐项	在使用化学熏蒸剂前,是否尝试化学熏蒸的替代方法	应通过技术知识、书面证据或可接受的本地实践,来证明已对化学土壤熏蒸剂的替代方法记录					
YAF.5.4			基质(若未使用基质,则不适用)					
YAF.5.4.1	推荐项	如可利用,是否基质循环	保留附带循环数量和日期的记录,接受发票、装载票据等					
YAF.5.4.2	主要项	如果使用化学品对基质进行消毒使其重新得到使用,是否已记录地点、消毒日期、化学品的类型、消毒方法、操作人的姓名和种植前的间隔期	当基质在生产基地消毒时,应记录地块或温室的名称或参考编号。如果是第三方消毒,则应记录基质消毒公司的名字和地点。应正确记录消毒日期(日 月 年)、名称和有效成分、设备、方法(如浸透、喷雾)、操作者姓名(实际操作化学品和进行消毒的人)以及种植前的间隔期					
YAF.5.4.3	推荐项	当基质被重新使用时,是否使用蒸汽消毒	当基质被重新使用时,书面证据表明基质使用过蒸汽消毒					
YAF.5.4.4	推荐项	对于天然来源的基质,是否能证明其不是来自指定的保护区	有记录能证明所使用的天然来源的基质的来源,这些记录能证明基质不是来自指定的保护区					
YAF.6			肥料					
YAF.6.1			营养需求					
YAF.6.1.1	次要项	所有肥料的施用是否根据作物和土壤状况的特定需要	生产者应证明已考虑了作物的需求和土壤的肥力,分析记录和/或其他具体农作物的文献应作为证据提供					
YAF.6.1.2	推荐项	是否制定种植或土壤维护计划,来确保营养损失最小化	基于风险评估和土壤分析,种植者应制定种植计划和施肥方案(时间、频率和数量),来减少营养损失					
YAF.6.1.3	推荐项	肥料的使用是否基于作物营养需求的计算和对土壤作物或营养液营养水平的适当常规分析	对于每种单一收获的作物至少应进行一次计算,而对于连续收获的作物,应基于合理的常规计算					

编号	级别	评查要素及条款	评查标准	评查意见				问题和建议
				符合	基本符合	不符合	不适用	
YAF.6.2			肥料施用记录					
YAF.6.2.1	次要项	肥料(有机和无机)施用的建议是否是由有能力或有资质的人提出的	当肥料记录显示做出肥料(有机或无机)选择的技术负责人是外部建议者,其培训和技术能力必须通过官方证明或专门的培训课程来证明,除非建议者来自有能力的组织(如肥料公司)。当肥料记录显示确定肥料(有机或无机)数量和类型的技术负责人是生产者,其经验应通过技术知识(如参加产品的技术讲座,出席具体的培训课程等)和/或使用工具(如软件、现场监测方法等)进行					
			所有土壤肥料和叶面肥,有机和无机的施用记录是否遵循以下准则:					
YAF.6.2.2	次要项	露地/温室	保存所有化肥的使用、地理区域的描述、注册产品作物所在的详细的土地面积、农场、田地、地块或温室名称或参考的记录。也包括营养液和灌溉施肥的使用记录					
YAF.6.2.3	次要项	施用日期	详细记录了肥料施用的准确日期(日/月/年)					
YAF.6.2.4	次要项	施用肥料类型	详细记录所有肥料的使用:商业名称、化肥类型(如 N.P.K)和比例(如17-17-17)					
YAF.6.2.5	次要项	施用数量	详细记录所有肥料按重量或体积的使用量。必须记录实际的施用数量,用量没有必要与推荐量相同					
YAF.6.2.6	次要项	施用方法	详细记录肥料的施肥用方法(如是否通过滴灌或机械施肥)和使用的机械					
YAF.6.2.7	次要项	操作者的详细情况	详细记录所有化肥的施肥操作者的姓名。如果仅需一人操作(生产者),即生产者和施肥者是一人,这样操作者的详细记录只记录一次也是可以接受的					
YAF.6.3			肥料的存储					
YAF.6.3.1	次要项	浓酸是否与其他材料隔离储存	浓酸必须与其他材料隔离储存					
YAF.6.3.2	次要项	浓酸是否储存在分隔开的且上锁的房间内	浓酸必须被储存在隔离且上锁的房间内,除非按照植保产品储存的要求进行储存					
YAF.6.3.3	次要项	与植保产品分开储存	最低要求是在肥料(有机和无机)和植保产品之间使用物理屏障(墙,板等)以防止交叉污染。如果是与植保产品混合使用的肥料(如微量元素或叶面肥)可在密封包装的条件下与植保产品混合储存					

编号	级别	评查要素及条款	评查标准	评查意见				问题和建议
				符合	基本符合	不符合	不适用	
YAF.6.3.4	次要项	在有遮盖的区域	贮存区域有相应设施防护所有无机肥料(粉末、颗粒或液体)不受阳光、雾气或雨水等气候因素影响。不能直接在土壤/地面上储存。散装液体肥料如果符合安全数据表的要求,可以储存在室外的容器内					
YAF.6.3.5	次要项	在洁净的区域	非有机肥(如粉状、颗粒状或液体)的储存地点必须远离废弃物,不要成为啮齿动物的栖息地,渗漏和泄漏物应立即清理					
YAF.6.3.6	次要项	在干燥的区域	所有非有机肥(如粉状、颗粒状或液体)的储存地点必须通风良好,避免雨淋或严重水汽凝结的地方。不可以直接储存在土壤里。散装液体肥料如果符合安全数据表的要求,可以储存在室外的容器内					
YAF.6.3.7	次要项	以适当的方式,减少水源污染发生的风险	所有肥料应以对水源造成污染的风险降至最低的方式储存。液体肥料的储存必须修筑防护堤,并以大于最大储存能力110%的储存能力修建,并且要考虑到附近水道和洪灾的风险等					
YAF.6.3.8	主要项	肥料没有与已收获的产品储存在一起	肥料不能和已收获的农产品储存在一起					
YAF.6.3.9	次要项	是否具有并可提供最新的肥料库存清单或使用记录	库存清单标明了存货的内容(种类和数量)					
YAF.6.4			有机肥料					
YAF.6.4.1	次要项	使用前,是否对有机肥料进行要素评估,考虑其来源,特性和预期用途	有文件证据证明至少考虑了以下潜在要素:有机肥料的类型、堆肥方法、施用的时间和有机肥料的施用位置。这也适用于来自沼气的植物基质					
YAF.6.4.2	次要项	有机肥料是否以适当的方式储存,以降低对环境污染的风险	有机肥料必须储存在指定区域。采取适当措施防止对地表水的污染或者储存在离地表水体至少25m的地方					
YAF.6.5			无机肥料					
YAF.6.5.1	次要项	采购的无机肥料是否有营养成分含量(N、P、K)	有文件化的证据					
YAF.7			灌溉/施肥					
YAF.7.1			灌溉/施肥方法					
YAF.7.1.1	推荐项	是否已采用系统的预测方法计算作物需水量	有计算和支持性数据记录(如降雨量、排水沟、水分蒸发数据、土壤中水分含量)					

续表

编号	级别	评查要素及条款	评查标准	评查意见				问题和建议
				符合	基本符合	不符合	不适用	
YAF.7.1.2	主要项	生产者是否根据节约用水,能合理判定使用的灌溉方法	避免浪费水,使用有效的灌溉系统-作为技术上可获得,经济上能负担,以及符合关于当地限制水的用量的法规					
YAF.7.1.3	推荐项	水的管理计划是否考虑过如何优化水源使用,以减少浪费	必须有书面的行动计划,旨在优化农场水的用量					
YAF.7.1.4	推荐项	是否保存灌溉/施肥用水的使用记录	应保留记录:灌溉日期、每一灌溉单元的用水量,如果生产者按灌溉计划工作,应记录计算出的灌溉持续时间和实际的灌溉用水量					
YAF.7.2			灌溉/施肥/采后用水					
YAF.7.2.1	主要项	是否禁止使用未处理的污水用于灌溉/施肥/采后	未经处理的污水不能用于灌溉/施肥/采后					
YAF.7.2.2	次要项	是否每年对灌溉/施肥/采后用水的污染进行风险评估	检测和评估必须考虑对所有灌溉/施肥/采后用水水源潜在的微生物、化学或物理污染。应根据作物特性进行水质分析,应在灌溉系统的出口或最近的用水水源地取样					
YAF.7.2.3	推荐项	是否有适宜的实验室进行分析	分析结果来自适当的实验室					
YAF.7.2.4	次要项	如果风险分析需要,是否对出现的不利结果采取了措施	应有采取纠正措施和/或处理的记录					
YAF.7.2.5	次要项	为保护环境,用水是否来自可持续的水源	持续的水源是指在正常情况下水源能提供足够生产用的水					
YAF.7.2.6	次要项	如要求,取水是否得到授权部门的许可	如要求,必须在取水问题上有书面证据(如信函、许可证等)					
YAF.8		综合病虫害管理						
YAF.8.1	次要项	是否通过相关的培训或指导或获得有资质部门的帮助	当由外部顾问提供帮助,其培训和技术能力必须通过官方证明或专门的培训课程等来证明。当技术负责人是生产者,其经验应通过技术知识(如出席具体的培训课程等)和/或使用工具(软件、农场检测方法等)					
YAF.8.2 到 YAF.8.4:生产者能否显示证据在以下范畴内至少实施了一项活动:								
YAF.8.2	主要项	预防	有至少一个证据或记录显示,生产者采用包括能够降低病虫害危害的生产技术规范,从而降低干预的需要					
YAF.8.3	主要项	观察和检测	生产者能显示证据:(a)至少实施了一个措施确定病虫害出现的时间和程度,(b)使用这个信息来计划所预防的哪种病虫害管理技术					

编号	级别	评查要素及条款	评查标准	评查意见				问题和建议
				符合	基本符合	不符合	不适用	
YAF.8.4	主要项	治疗	生产者能提供证据当病虫害严重影响作物的经济价值时，采取特殊病虫害控制方法的干预是必要的。若适用，非化学处理的方法必须被考虑					
YAF.8.5	次要项	为保持可用的植保剂的有效性，是否遵循了抗药性标准和/或其他建议	当作物害虫、病害和杂草要重复控制时，应有证据表明抗抗药性方面的建议(若适用)被遵循					
YAF.9		农药						
YAF.9.1		农药的选择						
YAF.9.1.1	次要项	是否保留有作物生长使用的国家批准生产的植保产品的最新名单	应有已被批准用于作物的植保产品商品名的清单					
YAF.9.1.2	主要项	生产者是否只使用目前国家批准在此目标作物上使用的植保产品	所有使用的植保产品要正式注册，或在申请国家适当的政府部门批准或允许使用					
YAF.9.1.3	主要项	使用的植保产品是否符合产品标签所推荐的目标	所有用于作物的植保产品要适合，对害虫、病害、杂草或所有植保产品的目标的合理性能够判定(根据标签的推荐或官方认可的技术文献支持)。如生产者超出标签范围使用了植保产品，必须有证据证明在该国家该产品在该作物上使用已得到国家的正式批准					
YAF.9.1.4	次要项	注册植保产品的发票是否保存	使用的注册植保产品发票必须被保存，在外部检验时，记录被保存并可获取					
YAF.9.2		农药数量和类型的建议						
YAF.9.2.1	次要项	是否由有农药选择和识别能力的人做出农药的选择	如植保产品的记录应显示，对做出植保产品选择的技术负责人是有资质的顾问，其技术能力可以通过官方资格认定或特定培训课程的参加证书来证明。植保产品的使用记录应显示，对植保产品使用做出决定的技术负责人是生产者，他的技术能力可以通过技术文件证明(如产品技术资料、特定培训的参加)					
YAF.9.3		施用记录						
		保留所有植保产品施用的记录并且包括以下准则:	所有植保产品的使用记录列明处理的作物名称和种类					
YAF.9.3.1	主要项	作物的名称和品种	记录施用农药的作物的名称和品种					
YAF.9.3.2	主要项	施用地点	所有植保产品的使用记录列明面积、农场的名字及作物所在的地块或温室的名称					

编号	级别	评查要素及条款	评查标准	评查意见				问题和建议
				符合	基本符合	不符合	不适用	
YAF.9.3.3	主要项	施用日期	所有植保产品的施用记录列明确切的使用时间(日/月/年)。记录施用的实际日期(结束日期,若施用的植保产品超过一天)					
YAF.9.3.4	主要项	产品商业名称和有效成分	所有植保产品的使用记录列明产品的商业名称和有效成分					
YAF.9.3.5	次要项	操作者	施用植保产品的操作员在记录中可识别。所有的施用如果是一个人做的,这样操作者的详细记录只记录一次是可以接受的					
YAF.9.3.6	次要项	施用的理由	被处理的害虫、病害和/或杂草的名称在所有植保产品的施用记录里有记录。如果使用通用名称,那么它们必须和标签上的名称相对应					
YAF.9.3.7	次要项	施用的技术授权人	做出植保产品使用和剂量决定的技术负责人在记录中可识别					
YAF.9.3.8	次要项	施用的产品数量	所有植保产品的施用记录列明植保产品按重量或体积或总水量(或其他载体)的适用总量,并且剂量以 g/L 或对该植保产品国际认可的方式					
YAF.9.3.9	次要项	使用的施用机械	对所有施用的植保产品使用的机械类型(如背负式、高量、超低容量喷雾、通过灌溉系统、喷粉、喷雾、喷气或其他方法),详细记录在所有植保产品施用记录里					
YAF.9.4		剩余药液的处理						
YAF.9.4.1	次要项	剩余药液或容器清洗废液是否以不影响食品安全和环境的方式进行了处理	在没有超出标签显示最大剂量率的情况下,首选的方式是将喷雾剩余药液或容器清洗液用于该作物。剩余药液或容器清洗废液以不影响食品安全和环境的方式进行处理,并保留记录					
YAF.9.5			农药的储存					
YAF.9.5.1	主要项	植保产品是否按照当地法规进行储存	植保产品的储存设施符合所有适当的现行国家、地区和当地法律法规					
		YAF.9.5.2 到 YAF.9.5.8:植保产品的储存地点应:						
YAF.9.5.2	次要项	坚固的	植保产品的储存设施坚固且结构合理					
YAF.9.5.3	主要项	安全的	为确保安全,植保产品的储存已上锁					
YAF.9.5.4	次要项	温度条件适宜	植保产品的储存应满足标签上的储存温度要求					
YAF.9.5.5	次要项	防火	植保产品的储存设应使用耐火的建筑材料					

编号	级别	评查要素及条款	评查标准	评查意见				问题和建议
				符合	基本符合	不符合	不适用	
YAF.9.5.6	次要项	通风良好(在可供人走入的情况下)	植保产品的储存设施有足够的、持久的通风条件,以保证新鲜空气流通,避免有害气体的积聚					
YAF.9.5.7	次要项	照明条件是否良好	植保产品的储存设施有适当的照明设施和遮光设施					
YAF.9.5.8	次要项	远离其他物料	最低要求,使用物理障碍(墙、板等。)防止植保产品和其他材料的交叉污染					
YAF.9.5.9	次要项	储存植保产品的货架是否采用非吸收性材料	植保产品的储存设施应装备泄漏时不吸收的货架(如金属、硬塑料或用不渗透的衬垫覆盖)					
YAF.9.5.10	次要项	储存植保产品的设施能否防止泄露	植保产品的储存设施有储存容器或根据储藏液体最大容量的110%做好防护,以确保没有任何泄漏、渗透或对储存设施外部的污染					
YAF.9.5.11	主要项	是否有称量和混合植保产品的器具	植保产品的储存地点或混合地点如果不在一起,应具有测量设备,该设备容器的刻度和称的计量验证应至少每年由设备生产者校准一次,以确保混合的准确,为安全和有效的处理所有施用的植保产品,应配有相应器具(如桶、供水点等)					
YAF.9.5.12	次要项	是否有处理泄露情况的设施	植保产品的储存地点和混配地点有固定区域储存沙、扫帚、簸箕和塑料袋等物品,并有标识,以便泄漏时使用					
YAF.9.5.13	次要项	是否只有接受过培训的员工才能保管植保产品仓库的钥匙和进入植保产品	植保产品存放设施已上锁,且只有受过培训并使用植保产品的人员,才能进入					
YAF.9.5.14	主要项	所有植保产品是否储存于原包装内	仓库里所有植保产品都必须保持原包装,有破损需要更换新包装时,新包装要包括原标签上的所有信息					
YAF.9.5.15	次要项	货架上的液体状植保产品是否放在粉末状植保产品的上方	货架上的所有液态植保产品决不允许放在粉末状或颗粒状植保产品的上方					
YAF.9.5.16	次要项	是否有植保产品库存清单或使用记录	显示储存的内容(类型和数量)的库存清单必须可以获得					
YAF.9.6		空的植保产品容器						
YAF.9.6.1	次要项	除了盛装和运输原植保产品外,空的植保产品包装容器是否避免重新使用	有证据表明,除了按照原标签上的说明盛装和运输原植保产品外,空的植保产品包装容器没有被或正在被重新使用					
YAF.9.6.2	次要项	空的植保产品包装容器的处理方法是否避免对环境的污染	空的植保产品包装容器的处理程序应尽量减小对环境、水资源、动物和植物的污染					

编号	级别	评查要素及条款	评查标准	评查意见				问题和建议
				符合	基本符合	不符合	不适用	
YAF.9.6.3	次要项	适用时,是否使用官方的收集和处理系统	如有官方的收集和处理系统,生产者应有参加的书面记录					
YAF.9.6.4	主要项	是否对空容器采用综合压力冲洗装置清洗空容器,或用水至少冲洗三遍	空容器丢弃前至少用水冲洗三遍,如果可能,值保产品使用设备应有压力冲洗设备清洗空容器					
YAF.9.6.5	次要项	空容器在处理前是否安全储存	所有植保产品空容器处理前,应有指定的安全储存地点,并且与植物和包装材料隔离(如进行永久性标识,并且物理性地限制人和动物接近)					
YAF.9.6.6	主要项	是否遵守当地关于处理和销毁空容器的规定	如果有相关国家、地区及地方的有关处理空植保产品容器的法律法规,应遵守					
YAF.10		肥料和植保产品以外的物质的施用						
YAF.10.1	次要项	如果对作物和/或土壤使用的材料没有包含在肥料和植保产品章节下,是否有记录	如果在认证的作物上使用自制的农药、植物增强剂、土壤调节剂或其他类似的物品,必须保留记录。记录应包括物品的名称(来源于何种植物)、如果是买的则要有商品名、日期、数量。如果是生产国有该物品的注册要求,则其必须被批准					

(三)采收和采后

编号	级别	评查要素及条款	评查标准	评查意见				问题和建议
				符合	基本符合	不符合	不适用	
YAF.11		采收和采后						
YAF.11.1		环境和容器						
YAF.11.1.1	次要项	采收的工人是否可在工作临近区域使用干净的卫生间和洗手设施	农场应有可供员工使用的固定或移动卫生间,卫生间应保持良好卫生状态,且带有洗手设施					
YAF.11.1.2	次要项	包装材料是否进行储存,以避免被鼠、虫、鸟污染,以及物理和化学危害	所有消耗的包装材料采取能避免鼠、虫、鸟或物理化学危害的方式进行储存					
YAF.11.1.3	次要项	所有重复使用的田间容器是否进行清洁,以确保不带异物	若使用,田间容器必须是清洁的,而且至少应有清洗计划来确保不带异物					
YAF.11.2		采后处理						
YAF.11.2.1	次要项	采后处理是否仅在没有其他替代方法时才使用,以确保良好质量的保持	所有可能替代采后化学品使用的替代方法已被考虑和评估,且仅当没有技术上可接受的替代方法时,才能使用化学品					

续表

编号	级别	评查要素及条款	评查标准	评查意见				问题和建议
				符合	基本符合	不符合	不适用	
YAF.11.2.2	主要项	所有的标签说明是否已遵守	有明确的程序和文件,如采后植保产品使用记录和处理过产品的包装/发货日期,用于证明用于遵守化学品的标签说明					
YAF.11.2.3	次要项	是否仅使用正式注册的植保产品,且该植保产品必须是登记注册用于被保护的收获后作物的采后使用	所有用于收获后作物的采后植保产品是正式注册,或被政府部门许可且被批准使用,并且被批准在标签所指定的收获后作物上使用					
YAF.11.2.4	次要项	进行收获后作物操作处理的技术负责人是否能证明其具备植保产品使用的能力和知识	负责采后植保产品使用的技术负责人可通过国家认可的证书或正式的培训来证明其具备足够的技术能力水平					
YAF.11.2.5	次要项	应有采收后作物的身份识别(如批次、批号)、地点、使用日期、处理方法、处理剂商名、使用量、操作人员姓名的记录	采收作物处理的批次/批号、地点、使用日期、处理方法(如喷雾、浸透、气体处理等)、处理剂商品名、使用量(如在每升水或其他溶剂中加入的重量或体积)、操作人员姓名等相应记录					
YAF.11.2.6	次要项	采后处理的意义和理由	处理的虫害、病害的通用名必须记录在处理记录中					

(四)标识

编号	级别	评查要素及条款	评查标准	评查意见				问题和建议
				符合	基本符合	不符合	不适用	
YAF.12.1	主要项	是否所有的交易文件包含了产品的状态和标识	适用时,交易文件(如销售发票)其他文件要包含产品状态和认证标识。非认证的产品无须标识为"非认证"。不论经认证的产品是否作为经认证产品进行销售,都需强制标识认证状态。仅当生产者和客户之间有书面的协议证明无须在交易文件上表明产品认证状态时无须标注					
YAF.12.2	主要项	是否按照办法与认证协议来使用名称、商标或标志	生产者/生产者组织应按照办法与认证协议要求,使用名称、商标或标志					

(五)环境控制

编号	级别	评查要素及条款	评查标准	评查意见				问题和建议
				符合	基本符合	不符合	不适用	
YAF.13		垃圾、废弃物的管理、循环使用或再利用						
YAF.13.1		垃圾和废弃物的识别						
YAF.13.1.1	次要项	在所有的生产场所,可能的垃圾和污染源是否经过确认	列出农场生产过程所有可能的垃圾(如纸张、纸板、塑料等)和污染物(如剩余的肥料、废气、油、燃料、噪音、废水、化学品、药液等)					
YAF.13.2		垃圾和废弃物处理						
YAF.13.2.1	推荐项	是否有文件化的生产基地废弃物管理计划;用以避免和/或减少垃圾和污染物产生,废弃物管理计划是否包括适合的垃圾处理场地	应有一个现行、完整的书面计划,包括减少垃圾产生、污染物和垃圾的回收利用等内容。计划识别的所有垃圾和污染源必须考虑到空气、土壤、水、噪声等污染					
YAF.13.2.2	主要项	是否清理了所有的垃圾、废弃物	感官评估在生产或储存室附近无证据显示存在废料、垃圾。当天工作产生的垃圾和在指定区域内偶发的废叶废料等垃圾可以被接受。所有其他垃圾和废弃物必须被清走,包括泄露的燃料					
YAF.13.2.3	推荐项	如果没有致病菌交叉污染的风险,有机垃圾是否在农场进行堆肥并用于改善土壤状况	有机垃圾用于堆肥和改善土壤状况。堆肥的方法必须确保没有致病菌的交叉污染					
YAF.13.3		环境保护						
YAF.13.3.1	次要项	是否每一个生产者都有环境保护管理控制程序用于企业获知农事活动对环境造成的影响	必须有一个旨在改善栖息地,保持生产基地生物多样性的文件化的控制程序。可以是单独的行动计划或区域性的行动计划,只要农场参与或被包含其中					
YAF.13.3.2	推荐项	生产者是否考虑改善环境以益于当地生物群落和动植物群体;是否为持续的农业生产,以及努力使农事活动对环境影响降到最低	应采取确实的行动和倡议可以证明					
YAF.13.4		能源效率						
YAF.13.4.1	推荐项	生产者是否能够显示其对能源使用的监控	有能源使用记录。生产者要知道在生产基地以及农事活动中能源地及如何使用。农场设备的选择和维护必须优化能源使用。非可再生能源的使用应保持在最低限度					
YAF.13.4.2	主要项	是否使用电、热能(天然气和其他燃料)等用于生产过程,并进行记录。使用过程是否符合国家相应环保要求	使用的电、热能(天然气和其他燃料)的数量应进行记录,提供能耗使用的发票复印件,检查其相符性。特别检查"绿色电能"的使用比例。使用过程符合国家相应环保要求					

编号	级别	评查要素及条款	评查标准	评查意见				问题和建议
				符合	基本符合	不符合	不适用	
YAF.13.4.3	推荐项	是否收集雨水	提倡收集雨水					
YAF.13.4.4	主要项	用水情况是否已进行记录，水的来源	用水时间和数量有记录，并注明水的来源（如雨水、地下水或自来水等）					
YAF.13.4.5	推荐项	作物生产过程的渗漏水是否进行收集；是否具有防溢洒设施	提倡收集作物生产过程的渗漏水，收集的设施具有防溢洒功能					
YAF.13.4.6	次要项	是否使用滴灌，其使用面积在农场面积中所占的比例为多少	使用滴灌，记录其使用面积在农场面积中所占的比例					
YAF.13.4.7	推荐项	废水是否被收集并再循环使用	收集废水，杀菌消毒后再循环使用					

（六）抱怨/投诉，召回/撤回程序，追溯和隔离

编号	级别	评查要素及条款	评查标准	评查意见				问题和建议
				符合	基本符合	不符合	不适用	
YAF.14		抱怨/投诉						
YAF.14.1	主要项	是否有认证办法涵盖问题的抱怨/投诉程序；抱怨/投诉程序能否确保抱怨/投诉被充分记录、研究并包括对抱怨/投诉采取措施的后续行动	应有文件化的投诉/抱怨程序，采取的相应措施及记录					
YAF.15		召回/撤回程序						
YAF.15.1	主要项	生产者是否有文件化的程序，以管理/发起从市场上召回/撤回认证产品；程序是否每年进行测试	生产者必须有文件化的程序，明确识别导致召回/撤回的事件类型、做出产品召回/撤回决定的负责人、告知消费者和认证机构的机制，以及调节库存的方法。召回/撤回程序须每年演练，以确保其有效，这可以是模拟测试，测试必须记录					
YAF.16		追溯和隔离						
YAF.16.1	主要项	是否建立有效的设施和系统来识别和隔离认证和/或非认证的产品	必须建立设施和系统以避免认证和非认证产品的混合。这可以通过物理标识或产品处理程序，包括相关的记录					

编号	级别	评查要素及条款	评查标准	评查意见				问题和建议
				符合	基本符合	不符合	不适用	
YAF.16.2	主要项	是否有体系来确保源自经认证的生产过程的所有产品被正确地识别	应有体系来确保所有源自不同的经认证的生产流程(自有生产或采购)的产品已经被正确的标识和追溯					
YAF.16.3	主要项	现场是否有适当的识别程序以识别采购于不同来源产品的记录	生产者应建立和维持适合于其经营规模的识别程序,以识别不同来源(比如,其他生产者和贸易商)的认证和非认证产品					
YAF.16.4	主要项	认证和非认证的产品的销售是否被记录	应记录认证和非认证产品的销售的数量和提供的描述					
YAF.16.5	主要项	产品是否可追溯回和追踪其种植的生产基地	有文件化的识别和追溯体系允许产品可追溯					

(七)记录的保存和内部自我评估及内部检查

编号	级别	评查要素及条款	评查标准	评查意见				问题和建议
				符合	基本符合	不符合	不适用	
YAF.17		记录的保存和内部自我评估及内部检查						
YAF.17.1	次要项	要求的所有记录是否都能提供并且至少保存两年,除非特殊控制点有更长的要求	生产者必须保留最近 2 年的最新更新记录。在检查之前或自注册日期之后,至少应有 3 个月记录;新建基地须有注册范围内地块之前的农事活动类型记录					
YAF.17.2	主要项	生产者或生产组织是否每年对照本要求进行至少一次的内部自我评估,或生产者组织的内部检查	有文件、记录等证据;选项 1:生产者负责完成一次自我评估;选项 2:生产者组织负责进行对其所有成员进行一次内部检查					
YAF.17.3	主要项	对于内部自检或生产者集团的内部检查过程中发现的不符合,是否采取了有效的纠正措施	有效的纠正措施必需文件记录并已实施					

参 考 文 献

柏斌, 2011. 新技术助推云南鲜切花生产高效环保[N]. 中国绿色时报, (B04).

曹春霞, 龙同, 程贤亮, 等, 2011. 枯草芽孢杆菌防治草莓白粉病田间药效试验[J]. 湖北省农业科学, 50(20): 4188-4189.

陈进, 2017. 中国花卉生产现状与发展趋势[J]. 现代园艺, (2): 10.

陈俊渝, 2002. 面临挑战和机遇的中国花卉业[J]. 中国工程科学, (10): 17-25.

陈林, 2005. 国际月季切花市场调查与分析[J]. 温室园艺, (11): 22-24.

陈兴英, 卢永兰, 2009. 高寒地区月季扦插育苗[J]. 中国林业, (3): 42.

董燕, 2017. 2014～2015 年我国海关花卉进出口统计数据分析[J]. 中国花卉园艺, (4): 29-31.

杜彩艳, 2010. 缓释肥料对月季产量及养分利用率的影响[J]. 西北农业学报, 19(12): 156-160

高强, 孟庆海, 2003. 月季花图谱(第二集)[M]. 北京: 中国林业出版社.

高云宪, 高贤彪, 梁晓辉, 1999. 肥料施用技术与农业可持续发展[J]. 中国农村经济, (10): 28-33.

葛可佑, 2004. 中国营养科学全书[M]. 北京: 人民卫生出版社.

韩心怡, 2014. 面积稳步上升出口大幅增长——2013 年全国花卉统计数据分析[J]. 中国花卉园艺, (13): 33-37.

黄国华, 聂华, 袁畅彦, 2009. 对我国开展花卉认证的思考[J]. 北京林业大学学报(社会科学版), 8(2): 63-65.

蒋林, 马承涛, 2000. 生物农药研究进展(综述)[J]. 上海农业学报, 16(增刊): 73-77.

孔海燕, 2007. 引入环保理念推进花卉生产现代化——中荷 MPS 花卉认证合作项目进入实践阶段[J]. 中国花卉园艺, (11): 18-19.

孔海燕, 2008. 世界花卉业发展现状世界花卉业发展现状——2007 年 AIPH 及 UF 花卉统计年册数据分析[J]. 中国花卉园艺, (19): 15-17.

旷野, 2016. 花卉生产平稳, 内销增长明显——2015 年全国花卉统计数据分析[J]. 中国花卉园艺, (15): 38-42.

李春艳, 2006. 荷兰两大认证组织将要合并——ECAS 和 MPS 将要合并[J]. 温室园艺, (12): 61.

李晶, 杨谦, 2008. 生防枯草芽孢杆菌的研究进展[J]. 安徽农业科学, 36(1): 106-111.

李玉敏, 高志民, 2001. 论中国花卉产业的可持续发展[J]. 世界林业研究, 14(3): 40-46.

刘文君, 2010. 国际花卉业加强认证和标签管理[J]. 中国包装, (11): 28-29.

刘秀丽, 2014. 切花月季生产技术[J]. 吉林蔬菜, (8): 47-48.

刘英杰, 2003. 荷兰园艺产业的特点[J]. 世界农业, (4): 35-37.

刘忠翰, 彭江燕, 1997. 滇池流域农业区排水水质状况的初步调查[J]. 云南环境科学, (2): 6-9.

刘子欢, 陆秀君, 李瑞军, 等, 2015. 苏云金杆菌亚致死浓度对美国白蛾及其寄生蜂生长发育的影响[J]. 植物保护学报, 42(2): 278-282.

倪长春, 2005. 新微生物杀菌剂——枯草芽孢杆菌新菌株的特性和使用方法[J]. 世界农药, 27(2): 47-49.

欧盟植物保护组织网站 WWW.EPPO.INT

乔俊卿, 张心宁, 梁雪杰, 等, 2017. 枯草芽孢杆菌 PTS-394 诱导番茄对灰霉病的系统抗性[J]. 中国生物防治
　　学报, 33(2): 219-225.

邱学礼, 胡万里, 段宗颜, 2007. 滴灌在呈贡花卉生产中的应用状况及经济效益、环境效益的浅析[J]. 云南农
　　业科技, (3): 18-22.

任奕鸣, 2014. 我国观赏花卉产业现状及发展趋势[J]. 现代园艺, (9): 17-17.

宋文学, 2011. 正确处理农业资源开发利用与生态环境保护的关系[J]. 内蒙古林业, (4): 28-28.

宋秀杰, 陈博, 2001. 北京市农药化肥非点源污染防治的技术措施[J]. 自然生态保护, (9): 30-32.

孙丽梅, 李季, 董章杭, 2005. 冬小麦-夏玉米轮作系统化肥农药投入调查研究[J]. 中国农业科学学报, 24(5):
　　935-939.

孙铁珩, 李培军, 周启星, 2005. 土壤污染形成机理与修复技术[M]. 北京: 科学出版社.

孙铁珩, 宋雪英, 2008. 中国农业环境问题与对策[J]. 农业现代化研究, 29(6): 646-648.

孙燕芳, 白成龙, 海波, 2017. 苏云金杆菌 00-50-5 发酵上清液对南方根结线虫杀虫活性研究[J]. 福建农业学
　　报, 32(4): 410-414.

汤正仁, 2000. 科学技术进步与农业可持续发展[J]. 农业经济问题, (1): 32-35.

唐学玉, 2013. 安全农产品生产户环境保护行为研究[D]. 西安: 西北农林科技大学.

王红姝, 2003. 我国花卉产业发展的主要问题[J]. 林业经济, (5): 52-53.

王丽花, 张艺萍, 杨秀梅, 等, 2016. 借鉴国际经验, 建立健全我国花卉环保生产认证机制[J]. 中国化标准,
　　(9): 50-57.

王茂华, 2004. 花卉认证: 农产品认证的新领域[J]. 中国质量认证, (7): 43-44.

王惜纯, 2007. 花卉认证促进我国花卉产业从数量型向质量效益型转变, 花儿从未这样红[J]. 中国质量报,
　　(9): 第 003 版.

王艳玲, 何园球, 吴洪生, 等, 2010. 长期施肥下红壤磷素积累的环境风险分析木[J]. 土壤学报, 47(5):
　　880-887.

王雁, 吴丹, 彭镇华, 2008. 关于我国花卉认证体系的建立[J]. 林业科学, 44(4): 139-143.

王雁, 吴丹, 2005. MPS: 世界通行的花卉认证形式[J]. 中国花卉园艺, (21): 21-23.

王雁, 吴丹, 2005. 荷兰观赏植物生产环保项目[J]. 世界林业研究, 18(4): 73-77.

王雁, 吴丹, 2007. 花卉认证对我国花卉产业发展的影响[J]. 林业科学研究, 20(6): 763-767.

王子华, 李淑洁, 武秋生, 等, 2007. 切花月季采后技术研究进展(综述)[J]. 河北科技师范学院学报, (6):
　　67-72.

吴学灿, 翟兴礼, 刘边, 2000. 园艺生产中环境保护问题[J]. 云南环境科学, 19(2): 2-4.

夏荣基, 陆景陵, 1981. 土壤和肥料基础知识[M]. 北京: 农业出版社.

小路, 2008. 上海三家花卉企业通过荷兰 MPS 认证[J]. 园林, (10): 90.

肖本富. 为治理入滇河道退地还林, 一个百合之乡的艰难转身. 云南网, 2010 年 11 月 19 日.

徐文, 黄媛媛, 贾振华, 等, 2017. 木霉防治灰霉病的研究进展[J]. 微生物学通报, 44(9): 2184-2190.

薛君艳, 夏浩军, 2015. 我国花卉产业发展现状浅析[J]. 价值工程, (3): 176-177.

阎自申, 1996. 前置库在滇池流域的运用研究[J]. 云南环境科学, (2): 33-35.

佚名, 1999. 澳大利亚试行切花质量认证制度[J]. 中国经济信息, (11): 12-15.

张冬梅, 罗玉兰, 2006. 月季[M]. 上海: 上海科学普及出版社.

张文棋, 2000. 搞好农业投融资, 促进农业可持续发展[J]. 农业经济问题, (2): 45-48.

张新民, 2010. 有机菜花生产技术效率及其影响因素分析——基于农户微观层面随机前沿生产函数模型的实证研究[J]. 农业技术经济, (7): 60-69.

张佐双, 朱秀珍, 2006. 中国月季[M]. 北京: 中国林业出版社.

郑家喜, 2000. 农业可持续发展: 水资源的约束与对策[J]. 农业经济问题, (9): 30-33.

周峰, 2008. 基于食品安全的政府规制与农户生产行为研究——以江苏省无公害蔬菜生产为例[D]. 南京: 南京农业大学.

周艳, 王其刚, 陆叶, 等, 2013. 药渣在切花月季生产中的应用[J]. 江苏农业科学, 41(2): 164-166.

朱留华, 2003. 世界花卉业概况及其发展趋势[J]. 世界农业, (7): 26-28.

朱世威, 2009. 福建省漳平市花卉产业化发展研究[D]. 福州: 福建农林大学.

Brunstad R J, Gaasland I, Vardal E, 2005. Multifunctionality of agriculture: an inquiry into the complementarity between landscape preservation and food security[J]. European Review of Agricultural Economics, 32(4): 469-488.

CBI. EU Market Survey, 2009: Cut Flowers and Foliage, Centre for Promotion of Imports from Developing Countries[EB/OL]. [2009]. www.cbi.eu.

Colombian Associations(Flower Growers and Exporters). Set of Social and Environmental Standards, as well as a Code of Conduct[EB/OL]. [1996]. www.florverde.org.

David T, Rose, 2002.No fragrancy[J]. Environmental Health Perspectives, (110): 240-247.

Ernesto Tavoletti, Robbin Velde, 2008.Cutting porter's last diamond: competitive and comparative(dis)advantages in the dutch flower cluster[J].Transition Studies Review, (15): 303-319.

European Biggest Retail Chains, 2003.The Global Good Agricultural Practices[EB/OL]. www.globalgap.org.

European Union Commission. EU Ecolabel and National Ecolabels[EB/OL]. [1992]. ec.europa.eu/environment/ ecolabel/.

Foundation of International Stakeholders in the Flower Industry. Fair Flowers, Fair Plants[EB/OL]. [2005]. www.fairflowersfairplants.com.

German Associations(Human Rights Organizations, Labor Unions, Flower Producers and Retailers). Flower Label Program[EB/OL]. [1996]. www.fairflowers.de.

Halevy A H, 1986. Rose research-current situation and future needs[J]. Acta Horticulture, (189): 11-20.

Integrated Farm Assurance All Farm Base/Crops Base/Flowers And Ornamentals, Control points and compliance criteria. GlobalG.A.P. English Version5.0, Edition 5.0-1_Feb2016. Valid from: 1February 2016, Obligatory from: 1Juiy 2016.

Jongeneel R A, Polman N P, Slangen L G, 2008. Why are Dutch farmers going multifunctional？[J]. Land Use Policy, 25(1): 81-94.

Kessler C A, 2007. Motivating farmers for soil and water conservation: A promising strategy from the bolivian mountain valleys[J]. Land Use Policy, 24(1): 118-128.

Mccann E, Sullivan S, Erickson D et al, 1997. Environmental awareness, economic orientation, and farming practices: A comparison of organic and conventional farmers[J]. Environmental Management, 21(5): 747-7.

Milco Rikken. The European Market for Fair and Sustainable Flowers and Plants[EB/OL]. [2010]. www. proverde. nl.

MPS Annual Report 2003. One window for registration and certification.2003.

MPS Annual Report 2003：One window for registration and certification[DB/OL]. [2003]. www.my-mps.com.

MPS Council of Stakeholders, MPS Board. Certification scheme MPS-ABC[EB/OL]. [2016-02-10].
http：//www.my-mps.com.

MPS-ECAS certification regulations, Version 6. Approved by the MPS-ECAS Council of Experts on December 6, 2016.
Date of release：January 1, 2017. https：//www.ecas.nl.

MPS, 2003.MPS(ABC)Certification Programma[EB/OL]. www.ecas.nl.

MPS, 2003.MPS(ABC)Certification Programme.

Sims J T, Simard R R, Joern B C, 1989. Phosphorus lose in agriculture drainage：historical perspective and current
research[J]. Soil Science, 147(3)：179-186.

Skal. Organically Produced Flowers[EB/OL]. [1985]. www.eko-keurmerk.nl.

Steen M, 2014. Measuring price-quantity relationships in the dutch flower market[J]. Journal of Agricultural & Applied
Economics, 46(2)：299-308.

Suran E G, 2003.Certificatieschema ABC NL090403. Alle Rechten Voorbehouden, 1-8.

Union Fleurs/AIPH. International Statistics Flowers and Plants[EB/OL]. [2009]. www.unionfleurs.org.

www.etko.com.tr/Dosyalar/Belgeler/Belge_116.pdf.

Yom Din G, Slutsky A, Steinmetz Y, 2011. Modeling Influence of product quality and grower reputation on prices in
dutch flower auctions[J]. Journal of Service Science & Management, 4(3)：339-350.

《A Guide to Obtaining Eco Mark》, Japan Environment Association Eco Mark Office, 2004.

附录：一些组织缩写

AEO Authorised Economic Operator 授权经营者

AIPH International Association of Horticultural Producers
国际园艺生产者协会

B2B Business to Business 企业对企业，商家对商家

BOPP British Ornamental Plant Producers 英国观赏植物生产商

BTC Belgian development agency 比利时发展署

CBI Centre for the Promotion of Imports from Developing Countries
从发展中国家进口的促进中心

CPVO Community Plant Variety Office 欧盟植物品种局

CSR Corporate Social Responsibility 企业社会责任

EFTA European Fair Trade Association 欧洲公平贸易协会

EMS Environmental Management Systems 环境管理体系

ETI Ethical Trade Initiative 道德贸易联盟

EU European Union 欧盟

FLO Fair-trade Labelling Organisation 公平贸易标签组织

GAP Good Agricultural Practice 良好农业规范

HACCP Hazard Analysis Critical Control Point 危害分析与关键控制点

HBAG Hoofdbedrijfschap Agrarische Groothandel，Dutch Agricultural
Wholesale Board 荷兰农产品批发董事会

HEBI Horticulture Ethical Business Initiative（Kenya）
园艺花卉商业道德倡议道德

ICC International Code of Conduct for Cut Flowers
指导切花生产的国际准则

IFAT International Fair Trade Association 国际公平贸易协会

ILO International Labour Convention 国际劳工组织

IPPC International Plant Protection Convention 国际植物保护公约

ITC International Trade Centre 国际贸易中心

MPS Milieu Project Sierteelt 荷兰花卉环保项目

RA Rainforest Alliance 雨林保护联盟

SEDEX   Supplier Ethical Data Exchange   供应商有道德的数据交换

SQ   Socially qualified   社会合格的

UPOV   International Union for the New Plant Varieties
植物新品种保护公约

VBN   Verenigig van Bloemenveilingen in Nederland，Trade organization for
Dutch cooperative flower auctions   荷兰花卉拍卖协会

EPPO   European and Mediterranean Plant Protection Organization
欧洲及地中海植物保护组织

VMS   Vlaams Milieuplan Sierteelt   佛兰芒环保花卉